Occupational H̶e̶a̶l̶t̶h̶ S̶o̶c̶i̶ety

ISO45001:2018

(JIS Q 45001:2018)

労働安全衛生マネジメントシステム規格を読み解く本

榎本 徹 [著]
Tetsu Enomoto

OHM
Ohmsha

はしがき

　国際標準化機構（略称 ISO）は、2018 年に待望久しい労働安全衛生マネジメントシステムの国際規格 ISO 45001 を新たに発行しました。これに合わせ、わが国も独自の要求規格として JIS Q 45001 と一体で運用するための"JIS Q 45100"を制定しました。

　上記の 2 規格が登場したことにより、組織は労働安全衛生マネジメント（以下 OH&S マネジメント）の経営基盤を形作る、二種類の新しい要求規格を使用することが可能になりました。

　本書は、OH&S マネジメントシステムの要求規格として登場した ISO 45001（JIS Q 45001）及び JIS Q 45100 の規格内容を逐次解説したものです。対象となる OH&S マネジメントシステム規格は以下の二種類です。

1. ISO 45001：2018（邦訳版 JIS Q 45001：2018）
   「労働安全衛生マネジメントシステム－要求事項及び利用の手引」
2. JIS Q 45100：2018（JIS Q 45001 と一体化して使用する日本独自の規格）
   「労働安全衛生マネジメントシステム－要求事項及び利用の手引－安全衛生活動などに対する追加要求事項」

　本書にはいくつかの特徴があります。一つは著者が認証を取得する組織の側に属するため、組織に対して"あるべき論"を押しつけがましく説くことは極力控え目にしたことです。

　さらに、ISO 45001 及び JIS Q 45100 の知見をより深めてもらうために、逐次解説の範囲を箇条 4 から箇条 10 までの要求事項に加え、序文から用語及び定義にまで拡大しました。要求事項の前文には規格を理解するために重要な情報を満載していることがその理由です。

　このような本書の特徴は、認証を取得しようとしている組織にとってはもちろ

んのこと、教育機関や認証機関の関係者にとっても有益となるのではないかと考えます。

　本書を発行するにあたり、安全と健康を確保し、労働災害の撲滅にご尽力されている OH&S 分野の先達諸氏に心より敬意と謝意を申し上げたいと思います。本書が OH&S マネジメントシステムに関わりのあるすべての人々にとって微力ながらも座右の書になることを願っております。

　末文になりましたが、前著『ISO 21500 から読み解くプロジェクトマネジメント』（オーム社、2018）に続き 6 冊目になる本書の執筆に際しては、家族の理解と編集諸氏の忍耐に支えられました。この場をお借りしてお礼を申し上げます。

2020 年 2 月

著者しるす

目 次

Column

[特記事項]

1. 本書の表記について

　本書における記載において、ISO 規格の箇条、附属書等については邦訳版である JIS 規格を原則、引用・使用している。

　○凡例

　ISO 45001：2018 → JIS Q 45001：2018

　ISO 9000：2015 → JIS Q 9000：2015

　ISO 9001：2015 → JIS Q 9001：2015

　ISO／TC 9002：2016 → JIS Q 9002：2018

　ISO 14001：2015 → JIS Q 1400：2015

　ISO 19011：2018 → JIS Q 19011：2019

　JIS Q 45100：2018（日本の独自規格）

　等

2. JIS によると、規格の区分の名称は、箇条（1、2、3、……）と細分箇条（1.1、1.1.1……）と名称を使い分けているが、本書では読みやすさを目的にすべて箇条を用いている。

Part 1

ISO
45001:2018
を
読み解く

Unit 0 ▶序文～0.5 この規格の内容

▶序　文

> この規格は，2018 年に第 1 版として発行された ISO 45001 を基に，技術的内容及び構成を変更することなく作成した日本工業規格である。

●解　説●

国際標準化機構（略称 ISO）は、2018 年 3 月に労働安全衛生マネジメントシステムの国際規格 ISO 45001:2018 を制定しました。その技術的内容と構成は変えず邦訳して 2018 年 9 月に JIS 化した規格が JIS Q 45001:2018 です。

ISO は様々なマネジメントシステムの国際規格を発行していますが、その中でも ISO 45001 は働く人が存在するあらゆる場面に影響を与えることが想定される国際規格です。そのため ISO 45001 は、すでに長い歴史をもつ ISO 9001（品質）や ISO 14001（環境）とともに組織の事業経営に深く根付くことは間違いないと考えられます。

JIS Q 45001 の元規格は ISO 45001 で、その題名は "Occupational health and safety management systems-Requirements with guidance for use"（労働安全衛生マネジメントシステム－要求事項及び利用の手引）です。ISO が発行するその他のマネジメントシステム要求規格と同じように、具体的な "Technical description（技術的な説明）" や "How to（方法）" を含まない非技術的で抽象的な要求事項を述べた規格です。そして "指針" や "手引き" ではないため、第三者認証用（第三者機関による認証制度）として用いることができます。

ISO 45001 は、ISO 9001 や ISO 14001 など他のマネジメントシステム規格と同様、2012 年 5 月に制定された「ISO/IEC Directives（専用業務用指針）補足指針」の「附属書 SL」（Annex SL とも呼ぶ）[1] を基にして作成されたため、他

---

[1]：規格開発専門家向けの「ISO/IEC 専門業務用指針　第 1 部」の「附属書 SL」（Annex SL ともいう）に含まれる「上位構造、共通の中核となるテキスト、共通用語及び中核となる定義」。"SL" の "S" とは ISO 規格で用いることを示しています。"附属書 SL" は、改訂されて "附属書 L" になりますが、ISO 45001 は "附属書 SL" をベースにしています。

の附属書 SL を採用したマネジメントシステム規格と用語の定義や全体の構成などの重要な部分で整合性が図られています。そのため、多くの組織が利用している ISO 9001 や ISO 14001 などの国際規格と統合しやすいものとなっています。

すでに組織が組織の中核的な事業と ISO マネジメントシステム規格の統合を済ませ、組織内に二重三重の相反する仕組みが存在していないのであれば、ISO 45001 による労働安全衛生マネジメントシステムの構築で、組織はそれほど苦労することはないでしょう。

国際的に見ると、労働安全衛生のガイダンス文書としては 2001 年に国際労働機構（略称 ILO）が発行した文書[*2]が存在します。また、国際規格ではありませんが、複数の組織から成り立つコンソーシアムにより発行された OHSAS 18001[*3]による認証制度が世界的な規模で普及しています。

今回、国際規格として新たに制定された労働安全衛生マネジメントシステム規格が発行されるまでの経緯と制定の趣旨については、JIS Q 45001 の解説で詳しく述べられているため本書では繰り返しませんが、あらゆる産業界から待望久しい国際規格がようやく登場したことは間違いないでしょう。

▎0.1 ▶ 背　景

> 組織は，働く人及び組織の活動によって影響を受ける可能性のあるその他の人々の労働安全衛生に対する責任を負っている。この責任には，心身の健康を推進し保護することが含まれる。
> 労働安全衛生マネジメントシステムの導入の目的は，組織が安全で健康的な職場を提供できるようにし，労働に関係する負傷及び疾病を防止し，労働安全衛生パフォーマンスを継続的に改善できるようにすることである。

● 解　説 ●

"序文（0.1　背景）"では二つの重要な事項を述べています。

一つ目は、組織には『働く人及び組織の活動によって影響を受ける可能性のあるその他の人々の労働安全衛生に対して責任がある』ことです。この責任には『（組織の管理下にあるすべての人々の）心身の健康を推進し保護する』ことを含

[*2]：ILO が 2001 年 12 月に発行した ILO-OSH 2001（労働安全衛生マネジメントシステムに関するガイドライン）。
[*3]：OHSAS 18001:2007（労働安全衛生マネジメントシステム－要求事項）。初版は 1999 年に発行されました。

みます。

　二つ目は、労働安全衛生マネジメントシステム（ISO 45001）の導入目的とは、労働安全衛生における組織の"意図した成果"を達成し、労働安全衛生パフォーマンスを継続的に改善することである点です。この"意図した成果"とは、箇条0.2(労働安全衛生マネジメントシステムの狙い) で詳しく述べられます。

▎0.2 ▶ 労働安全衛生マネジメントシステムの狙い

> 　労働安全衛生マネジメントシステムの目的は，労働安全衛生リスク及び労働安全衛生機会を管理するための枠組みを提供することである。労働安全衛生マネジメントシステムの狙い及び意図した成果は，働く人の労働に関係する負傷及び疾病を防止すること，及び安全で健康的な職場を提供することである。したがって，効果的な予防方策及び保護方策をとることによって危険源を除去し，労働安全衛生リスクを最小化することは，組織にとって非常に重要である。
>
> 　労働安全衛生マネジメントシステムを通じて組織がこれらの処置を適用したとき，組織の労働安全衛生パフォーマンスは向上する。労働安全衛生パフォーマンス改善の機会に取り組むために早めの処置をとる際に，労働安全衛生マネジメントシステムは，効果及び効率を更に高めることができる。
>
> 　この規格に適合するかたちでの労働安全衛生マネジメントシステムの実施は，組織が労働安全衛生リスクを管理し，労働安全衛生パフォーマンスを向上させることを可能にする。
>
> 　労働安全衛生マネジメントシステムは，組織が，法的要求事項及びその他の要求事項を満たす助けとなり得る。

●解　説●

　ISO 45001 は、業種業態を問わず、あらゆる種類、規模の組織に適用できます。ただし、組織の労働安全衛生パフォーマンスの成果、程度及びその基準については組織が独自に決めてよいので、規格の中では具体的に要求はしていません。

　本箇条では ISO 45001 の役割を『労働安全衛生リスク及び労働安全衛生機会を管理するための』枠組み（framework）を提供することだと述べています。したがって、労働安全衛生管理活動として組織が実行しなければならない具体的な

実施要領と手順についての説明までは言及していません。

　箇条 0.2 は、ISO 45001 を理解する上で重要な"意図した成果"（intended outcom(s)）とは何かを説明しています。この"意図した成果"が規格の重要なキーワードの一つであることは、序文から箇条 3 で 8 箇所、箇条 4 から箇条 10 で 9 箇所、附属書 A で 10 箇所、解説でも 2 箇所で用いられていることからも理解できます（すなわち"意図した成果"は、JIS Q 45001 全文の中で 29 箇所に登場します）。

　"意図した成果"について、箇条 1「適用範囲」は『働く人の労働に関係する負傷及び疾病を防止すること、及び安全で健康的な職場を提供すること』だと説明しています。このように ISO 45001 の規格全体を通じて"意図した成果"は登場しますので、要求事項を正しく読み解き理解するためには、箇条 4 から箇条 10 までの要求事項だけではなく、規格全文に目をとおす必要があります。

　また、組織の"労働安全衛生パフォーマンス"（occupational health and safety perfomance）について『働く人の負傷及び疾病の防止の有効性、並びに安全で健康的な職場の提供に関わるパフォーマンス。』（箇条 3.28）と定義しています。"パフォーマンス"は『測定可能な結果。』（箇条 3.27）と定義されているため、労働安全衛生に関わる測定可能な結果の一例としては"度数率"や"強度率"などが考えられます。ただし、パフォーマンスの定義の注記には定量的なものだけではなく、定性的なものも含まれると述べているため、組織が判断できる所見であれば数値で示すことができない事項でも"労働安全衛生パフォーマンス"になり得ることがわかります。

　組織が ISO 45001 を採用し、苦労を重ねて労働安全衛生マネジメントシステムを創り上げたとしても、認証機関が組織の労働安全衛生パフォーマンスの向上や改善を保証するものではありません。なぜなら前出のとおり、ISO 45001 は組織のあるべき姿を象徴的に述べているに過ぎないためです。規格が提供してくれる"枠組み"に血と肉と魂を込めることにより労働安全衛生パフォーマンスを向上・改善し、"組織の意図"した成果を達成する所作は組織に与えられた役割なのです。

　労働安全衛生パフォーマンス、法的要求事項、その他の要求事項に関しては、箇条 0.3「成功のための要因」を参照願います。

▌0.3 ▶ 成功のための要因

　労働安全衛生マネジメントシステムの実施は，組織にとって戦略的決定であり運用面の決定である。労働安全衛生マネジメントシステムの成功は，リーダーシップ，コミットメント，並びに組織の全ての階層及び部門からの参加のいかんにかかっている。

　労働安全衛生マネジメントシステムの実施及び維持，並びにその有効性及び意図した成果を達成する能力は，多数の重要な要因に依存している。それらの要因には，次の事項が含まれ得る。

a）トップマネジメントのリーダーシップ，コミットメント，責任及び説明責任

b）労働安全衛生マネジメントシステムの意図した成果を支援する文化をトップマネジメントが組織内で形成し，主導し，推進すること

c）コミュニケーション

d）働く人及び働く人の代表（いる場合）の協議及び参加

e）労働安全衛生マネジメントシステム維持のために必要な資源の割振り

f）組織の全体的な戦略目標及び方向性と両立する，労働安全衛生方針

g）危険源の特定，労働安全衛生リスクの管理及び労働安全衛生機会の活用のための効果的なプロセス

h）労働安全衛生パフォーマンスを改善するための労働安全衛生マネジメントシステムの継続的なパフォーマンス評価及びモニタリング

i）組織の事業プロセスへの労働安全衛生マネジメントシステムの統合

j）労働安全衛生方針に整合し，組織の危険源，労働安全衛生リスク及び労働安全衛生機会を考慮に入れた労働安全衛生目標

k）法的要求事項及びその他の要求事項の順守

　組織は，この規格をうまく実施していることを示せば，有効な労働安全衛生マネジメントシステムをもつことを，働く人及びその他の利害関係者に確信させることができる。しかし，この規格の採用そのものが，働く人の労働関連の負傷及び疾病の防止，安全で健康的な職場の提供，並びに改善された労働安全衛生パフォーマンスを保証するわけではない。

　組織の労働安全衛生マネジメントシステムの詳細さのレベル，複雑さ，文書化した情報の範囲，及び成功を確実にするために必要な資源は，次の事項

などの多数の要因によって左右される。

- 組織の状況（例　働く人の人数，規模，立地，文化，法的要求事項及び
  その他の要求事項）
- 組織の労働安全衛生マネジメントシステムの適用範囲
- 組織の活動の性質及び関連する労働安全衛生リスク

●解　説●

　組織が ISO 45001 に従い、労働安全衛生マネジメントシステムを構築することは、組織自身の戦略的な判断であり決定事項です。たとえば、組織が労働安全衛生マネジメントシステムを導入することを決定した理由が顧客や取引先からの要望によるものであったとしても、組織は労働安全衛生マネジメントシステムを事業の中核に据えると決めた自らの判断に責任を持たなければなりません。ISO のマネジメントシステム規格は原則として任意規格ですから、ISO 45001 で認証を取得するかどうかに行政や認証機関の強制力は伴いませんが、組織の戦略的決定に従い ISO 45001 を使用してマネジメントシステム認証を取得するのであれば、ISO 45001 の要求事項に適合させる義務と責任が伴うことを理解しておく必要があります。

　仮に、組織が ISO 45001 の採用を決定したら、労働安全衛生マネジメントシステムを運用するための大前提である、トップマネジメントのリーダーシップと労働安全衛生マネジメントシステムに関わるすべての人々の参加と協力の程度が大きく影響することを重く受け止める必要があるでしょう。

　また、労働安全衛生マネジメントシステムの運用と維持はいくつもの前提条件と制約条件の上に成り立ちます。具体的には箇条 0.3 の a ）から k ）で説明があります。この a ）から k ）の内容は、ISO 45001 の要求事項を要約したマネジメントシステムのコンセプトを示唆していることがわかります。

　ISO 45001 をはじめとする ISO のマネジメントシステムは、組織のマネジメントシステムを画一化する目的で作られたものではありません。そのため、組織は自らの中核的な事業プロセスをマネジメントシステムの要求事項に当てはめて、無理に他社のマネジメントシステムと同質化（コモディティ化）させる必要はないのです。

　ISO のマネジメントシステムとは、組織の実態や実情に見合うように組織のマネジメントシステムをテーラーリングできる存在です。ISO 45001 が組織の

マネジメントシステムに関して、その程度やレベルにまで言及していないのはそうした理由によるものです。

　以上のように、組織の実情に即した形で ISO 45001 の要求事項を満足できれば、労働安全衛生マネジメントシステムのレベル、程度、他社との優劣などを組織が心配する必要はなく、まして無理に背伸びをしてまでコンサルタントの指示に従うことも、見栄を張って他社のマネをする必要もないのです。

▌0.4 ▶ Plan-Do-Check-Act サイクル

　この規格において採用する労働安全衛生マネジメントシステムアプローチは，Plan-Do-Check-Act（PDCA）の概念に基づいている。

　PDCA の概念は，継続的改善を達成するために組織が用いる反復的なプロセスである。この概念は，マネジメントシステムにも，その個別の要素のそれぞれにも次のように適用できる。

a）Plan：労働安全衛生リスク，労働安全衛生機会，その他のリスク及びその他の機会を決定し，評価し，組織の労働安全衛生方針に沿った結果を出すために必要な労働安全衛生目標及びプロセスを確立する。

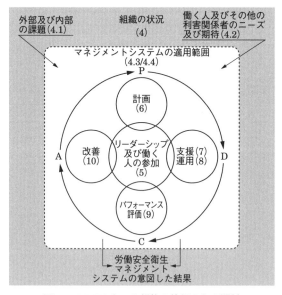

図1－PDCA とこの規格の枠組みとの関係

b）Do：計画どおりにプロセスを実施する。

c）Check：労働安全衛生方針及び労働安全衛生目標に照らして，活動及び
プロセスをモニタリングし，測定し，その結果を報告する。

d）Act：労働安全衛生パフォーマンスを継続的に改善し，意図した成果を
達成するための処置をとる。

この規格は，図1に示すように，新しい枠組みの中にこのPDCAの概念
を取り入れている。

注記　括弧内の数字は，この規格の箇条番号を示す。

●解　説●

ISO 45001は、他のISOマネジメントシステムと同様に、プロセスの反復的
な活動としてPDCAサイクルを採用しています。図1は箇条とPDCAの関係を
「Plan：箇条6」、「Do：箇条7と8」、「Check：箇条9」、「Act：箇条10」と示
しています。

PDCAサイクルでは、とくに"Plan"の内容に注目する必要があります。
ISOマネジメントシステムの"Plan"とは、次段の"Do"が速やかに実行でき
るようにするため、計画を立案するだけではなく設え、整える意味があります。
したがって、具体的な実行計画を立案し、実行に必要な経営資源などを確保する
ことまでが"Plan"の果たすべき役割になります。

図1の中央部分（箇条5）を注視すると、ISO 9001など他のISOマネジメン
トシステムと異なることに気づきます。ISO 45001では"リーダーシップ"に
加えて"働く人の参加"が追記されているためです。ISO 45001でPDCAサイ
クルを円滑に回すためには、経営陣や上級幹部だけではなく"働く人の参加"が
不可欠であることを図1は示しています。

Column 　**システムアプローチについて**

本箇条の冒頭に『この規格において採用する労働安全衛生マネジメントシステム
アプローチは、Plan-Do-Check-Act（PDCA）の概念に基づいている。』とあります。
"システムアプローチ"とは聞き慣れない用語ですが、旧版のISO 9000:2006（品
質マネジメントシステムの用語を定義した規格）の中に登場する"品質マネジメン
トの8原則"の一つが"マネジメントへのシステムアプローチ"でした。その意

味は『活動及び関連する資源が一つのプロセスとして運営管理されるとき、望まれる結果がより効率よく達成される。』と説明がありました。

　ISO 9000：2015[*1] によると "プロセスアプローチ" と "マネジメントへのシステムアプローチ" とを新たに "プロセスアプローチ" としてまとめたことで、システムアプローチという用語が QMS のコア規格 ISO 9001：2015 からなくなりましたが、規格を使用するユーザ側の立場であれば、こうしたことを難しく考えるのではなく、システムアプローチもプロセスアプローチもマネジメントシステムから望ましい成果をアウトプットするための便法の一つだと考えればよいと思います。

[*1]：参考として ISO 9000：2015 の解説（箇条 4.1.1 e））の該当箇所を抜粋します。『原則の構成については、従来通り "プロセスアプローチ" と "システムアプローチ" を分けるのか、"プロセスアプローチ" として一つにまとめるかどうかが議論となった。この二つの原則は密接に関係しているのだが、それぞれの趣旨は異なり、従来から正しい理解は広まっていなかった。そこで、その相違に焦点を当てるよりも、双方の原則を融合し、活動要素の合理的管理による全体最適を図るという原則にまとめることとした。原則の表現については、包括的意味をもたせることができる "システムアプローチ" の方が適切との意見もあったが、規格ユーザの理解のしやすさを考慮して "プロセスアプローチ" とすることで落ち着いた。』
　なお、附属書 SL（2016 年版）にはシステムアプローチの用語が見当たりませんが、ISO 45001：2018 と ISO 14001：2015 の箇条 0.4（Plan-Do-Check-Act モデル）に "システムアプローチ" の用語が登場します。システムアプローチは頻出用語ではありませんが、ISO マネジメントシステムはシステムアプローチに下支えされていることを示唆しています。

0.5 ▶ この規格の内容

　この規格は，国際標準化機構（ISO）のマネジメントシステム規格に対する要求事項に適合している。これらの要求事項は，複数の ISO マネジメントシステム規格を実施する利用者の便益のために作成された，上位構造，共通の中核となるテキスト，共通用語及び中核となる定義を含んでいる。

　この規格の諸要素は，他のマネジメントシステムの諸要素に整合化し，又はそれらと統合することができるが，この規格には，品質，社会的責任，環境，セキュリティ，財務マネジメントなどの他の分野に固有な要求事項は含まれていない。

　この規格は，労働安全衛生マネジメントシステムの実施及び適合性の評価のために組織によって用いることができる要求事項を規定している。組織は，次のいずれかの方法によって，この規格への適合を実証することができる。

- － 自己決定し，自己宣言する。
- － 適合について，組織に対して利害関係をもつ人又はグループ，例えば，顧客などによる確認を求める。
- － 自己宣言について組織外部の人又はグループによる確認を求める。

－　外部組織による労働安全衛生マネジメントシステムの認証／登録を求める。

　この規格の箇条 1 ～箇条 3 は，この規格の使用において適用する適用範囲，引用規格，用語及び定義を示し，一方で，箇条 4 ～箇条 10 には，この規格への適合を評価するための要求事項を規定している。附属書 A には，これらの要求事項の説明が記載されている。箇条 3 の用語及び定義は，概念の順に配列した。

　この規格では，次のような表現形式を用いている。

a）"～しなければならない"（shall）は，要求事項を示し，

b）"～することが望ましい"（should）は，推奨を示し，

c）"～してもよい"（may）は，許容を示し，

d）"～することができる"，"～できる"，"～し得る"など（can）は，可能性又は実現能力を示す。

　"注記"に記載している情報は，関連する要求事項の内容を理解するための，又は明解にするための手引である。箇条 3 で用いている"注記"は，用語データを補完する追加情報を示すほか，用語の使用に関する規定事項を含む場合もある。

●解　説●

　箇条 0.5 の冒頭で『この規格は、国際標準化機構（ISO）のマネジメントシステム規格に対する要求事項に適合している。』とあります。この意味は、ISO 45001 が規格開発専門家向けの「ISO/IEC 専門業務用指針　第 1 部」の一部、「附属書 SL（Annex SL）」に含まれる「上位構造、共通の中核となるテキスト、共通用語及び中核となる定義」[*4] に従い作成されたことを示しています。

　附属書 SL から派生した ISO マネジメントシステム規格は、箇条番号や用語の定義が統一化されたことにより、たとえば品質（QMS）や環境（EMS）などの異なる分野のマネジメントシステムであっても異種同根の存在であることがわかります。

　この附属書 SL に基づき作成された ISO マネジメントシステム規格の一例を次に紹介します（表 0-1）。

---

*4：本書 P.13 の Column（附属書 SL とマネジメントシステムの関係）を参照願います。

表 0-1　附属書 SL に基づき作成された ISO マネジメントシステム規格の一例

規格番号：年度	規格名称
ISO 22301:2012	社会セキュリティー事業継続マネジメントシステム－要求事項
ISO 20121:2012	イベントの持続可能性に関するマネジメントシステム－要求事項と利用手引
ISO 39001:2012	道路交通安全（RTS）マネジメントシステム－要求事項及び利用の手引
ISO/IEC 27001:2013	情報技術－セキュリティ技術－情報セキュリティマネジメントシステム－要求事項
ISO 14001:2015	環境マネジメントシステム－要求事項及び利用の手引
ISO 9001:2015	品質マネジメントシステム－要求事項
ISO 45001:2018	労働安全衛生マネジメントシステム－要求事項及び利用の手引

　言うまでもなく ISO 45001 の適用範囲は"労働安全衛生"の分野に限られます。したがって、他のマネジメントシステムが適用する品質、環境、情報セキュリティなど規格固有の要求事項は含みません。

　ISO 45001 は、第三者認証制度に用いるための要求事項を箇条 4 から箇条 10 に記述しています。また、序文から箇条 3、及び附属書や解説などは要求事項ではなく、あくまでも参考用の情報ですが、要求事項を正しく理解するためには規格全文を熟読する必要があります。

　また、組織の労働安全衛生マネジメントシステムが ISO 45001 に適合していることを実証するために、通常は認証機関の審査を受審して認証証を取得しますが、認証機関の審査登録制度を使用しないで、組織の労働安全衛生マネジメントシステムが ISO 45001 に適合していることを自己宣言することも可能です。ただし、自己宣言は対外的に信用してもらうことが難しいことや、認証証をビジネスパスポートにする業界では様々な制約が考えられるため、認証制度や自己宣言の得失を組織自身が十分に理解する必要があります。

　この規格の原文に登場する用語の中で"shall"（しなければならない）は要求事項を表す重要な用語になります。"shall"以外の用語（should、may、can など）は要求事項としての強制力がないため、実行の要否は組織の判断に委ねられます。

　ISO 45001 に限らず、英文の ISO 規格では二種類の"注記"が使い分けされていることがわかります。たとえば、規格本文中の"注記"(a Note) は手引（補足情報）という理解であるため当該の注記に記述された情報は要求事項ではありません。しかし一方の"項目への注記"(a Note to entry) には、要求事項、

推奨事項及び許可事項を含むことがあります*5。

　箇条 0.5 の最後に記述された『箇条 3 で用いている "注記" は、用語データを補完する追加情報を示すほか、用語の使用に関する規定事項を含む場合もある。』とは上記の意味を説明したものです。

Column 〈**附属書 SL と ISO マネジメントシステムの関係**

　QMS や EMS など多種多様な ISO マネジメントシステム規格が普及したことで、組織の多くは複数の ISO マネジメントシステム規格を使用することが一般的になりました。しかし、各々の ISO マネジメントシステムを比較してみると、たとえば規格の章立てや用語の定義などが微妙に異なるなど一貫性を欠いており、とくに複数の ISO マネジメントシステムを使用する組織にとって非効率的な運用を強いられることがありました。

　そのため、lSO/TMB（技術管理評議会）は、ISO マネジメントシステム規格同士の齟齬をなくし、高い整合性と互換性を確保できるようにするため、"ISO/IEC 専門集務用指針第 1 部及び統合版 ISO 補足指針" の中に "附属書 SL" を追記しました。

　附属書 SL は、規格策定者のための要求規格で、9 つの条項及び 3 つの Appendix（附属書）から成り立ちます。中でも "Appendix 2"（規定）"上位構造、共通の中核となるテキスト、共通用晤及び中核となる定義" の中で、ISO マネジメントシステムの基本となる構造が示されており、すべての ISO マネジメントシステム規格の主要な箇条番号とタイトルを表 0-2 のとおり統一しました。

表 0-2　Appendix 2 で示される基本構造

序文
1. 適用範囲
2. 引用規格
3. 用語及び定義
4. 組織の状況
5. リーダーシップ
6. 計画
7. 支援
8. 運用
9. パフォーマンス評価
10. 改善

---

*5："項目への注記"（a Note to entry）は箇条 3 に登場します（箇条 3 は先記の通り要求事項ではありません）。
　　詳しい情報は ISO が発行する "Drafting standards FAQ"（規格原案の作成　よくある質問（FAQ））を参照願います。

附属書SLが示す枠組みや規格構造には、OH&S、QMS、EMSなど分野別に必要な固有の要求事項は含みません。そのため、ISO 45001であればOH&Sマネジメントシステムとして必要な要求事項を附属書SLにプラグインして機能を拡張し、"ISO 45001"が登場しました。図0-1にその概念を示します。

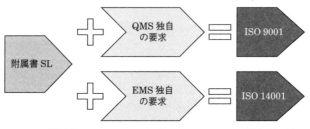

図0-1　附属書SLとISOマネジメントシステムの関係（概念）

Unit 1 ▶ 適用範囲

1 ▶ 適用範囲

　この規格は，労働安全衛生（OH&S）マネジメントシステムの要求事項について規定する。また，労働安全衛生パフォーマンスを積極的に向上させ，労働に関連する負傷及び疾病を防止することによって，組織が安全で健康的な職場を提供できるようにするために，利用の手引を記載している。

　この規格は，労働安全衛生マネジメントシステムを確立し，実施し，維持することで労働安全衛生を改善し，危険源を除去し，労働安全衛生リスク（システムの欠陥を含む。）を最小化し，労働安全衛生機会を活用し，その活動に付随する労働安全衛生マネジメントシステムの不適合に取り組むことを望む全ての組織に適用できる。

　この規格は，組織が労働安全衛生マネジメントシステムの意図した成果を達成するために役立つ。労働安全衛生マネジメントシステムの意図した成果は，組織の労働安全衛生方針に整合して，次の事項を含む。

a）労働安全衛生パフォーマンスの継続的な改善

b）法的要求事項及びその他の要求事項を満たすこと

c）労働安全衛生目標の達成

　この規格は，規模，業種及び活動を問わず，どのような組織にも適用できる。この規格は，組織の活動が行われる状況，並びに組織で働く人及びその他の利害関係者のニーズ，期待などの要因を考慮に入れた上で，組織の管理下にある労働安全衛生リスクに適用できる。

　この規格は，特定の労働安全衛生パフォーマンス基準を定めるものではなく，労働安全衛生マネジメントシステムの設計に関して規定するものでもない。

　この規格は，組織がその労働安全衛生マネジメントシステムを通じて，働く人の健康状態又は福利といった安全衛生の他の側面を統合することを可能にする。

　この規格は，製品安全，物的損害，環境影響などの課題による働く人及び

その他の関連する利害関係者へのリスクを超えてこれらの課題を取り扱うものではない。

この規格は，労働安全衛生マネジメントを体系的に改善するために，全体を又は部分的に用いることができる。しかし，この規格への適合の主張は，全ての要求事項が除外されることなく組織の労働安全衛生マネジメントシステムに組み込まれ，満たされていない限りは容認されない。

注記　この規格の対応国際規格及びその対応の程度を表す記号を，次に示す。

ISO 45001:2018, Occupational health and safety management systems-Requirements with guidance for use (IDT)

なお，対応の程度を表す記号 66IDT" は，ISO/IEC Guide21-1 に基づき，"一致している" ことを示す。

●解　説●

"適用範囲" とは、『その規格が取り扱う主題及びその側面並びにその規格が適用される範囲を規定』(JIS Z 8301) という意味です。したがって ISO 45001 は、労働安全衛生（OH&S）マネジメントシステムの要求規格を規定し、当該規格を利用するための手引書であることが理解できます。

ISO 45001 は、OH&S マネジメントシステムを確立し、実行し、維持することにより、組織が以下の 1 から 5 を実現することが期待できます。

なお、箇条 1 が述べるように、ISO 45001 は組織が OH&S マネジメントシステムの "意図した成果を達成するために役立つ" ものであり、形だけのマネジメントシステムに陥りやすい "要求事項のオウム返し" を組織に求めているわけではないことを理解する必要があります。

【1. 労働安全衛生の改善】

この規格の導入目的は、箇条 0.1「背景」で、『労働安全衛生マネジメントシステムの導入の目的は、組織が安全で健康的な職場を提供できるようにし、労働に関係する負傷及び疾病を防止し、労働安全衛生（OH&S）パフォーマンスを継続的に改善できるようにすることである。』と述べており、最終的には "OH&S パフォーマンス" を継続的に "改善" する意図があることを示しています。

【2. 危険源の除去】

　危険源（hazard）とは『負傷及び疾病を引き起こす可能性のある原因』（箇条3.19）と定義されています。危険源を除去して労働安全衛生（OH&S）リスクを低減するコミットメントが組織の労働安全衛生（OH&S）方針に含まれている必要があります（箇条5.2「労働安全衛生方針」参照）。

　この規格では、危険源を除去するための具体的な施策については言及していませんが、組織が事業の実情に即した方法で危険源を特定し、除去することを要求しており、ISO 45001はそのための枠組みを提供しています。

【3. マネジメントシステムの欠陥を含む OH&S リスクの最小化】

　"マネジメントシステムの欠陥"とは、組織の OH&S マネジメントシステムから重要なプロセスが欠落するなどシステムの不完全な状態を指します。

　ちなみに、OH&S リスクとは『労働に関係する危険な事象又はばく露の起こりやすさと、その事象又はばく露によって生じ得る負傷及び疾病の重大性との組合せ。』と定義しており、マネジメントシステム上のリスクと区別しています。

【4. 労働安全衛生（OH&S）機会の活用】

　OH&S 機会の活用とは、労働安全衛生（OH&S）パフォーマンスを改善するための有益な活動を意味しており、その定義は『労働安全衛生パフォーマンスの向上につながり得る状況又は一連の状況』です。たとえば、一斉清掃や 5S 活動を励行したり、KYK 活動に取り組むことは OH&S 機会の活用に該当します。

【5. OH&S マネジメントシステムの不適合に取り組むこと】

　OH&S マネジメントシステムに合致していなければ、不適合として是正処置に取り組む必要があります。不適合に取り組むためには不適合の原因を特定し、その原因の除去が必要です。

　この規格の意図した成果とは"働く人の負傷及び疾病を防止すること、並びに安全で健康的な職場を提供すること"（箇条3.11）に加えて、以下のａ）～ｃ）も含みます。

ａ）労働安全衛生パフォーマンスの継続的な改善

　　すなわち、労働安全衛生パフォーマンス（働く人の負傷及び疾病の防止有効性、並びに安全で健康的な職場の提供に関わるパフォーマンス）の向上。

ｂ）法的要求事項及びその他の要求事項を満たすこと

　　すなわち、利害関係者の要求を含む順守義務を励行すること。

c）労働安全衛生目標の達成

　　すなわち、労働安全衛生目標（労働安全衛生方針に整合する特定の結果達成するために組織が定める目標）を達成すること。

　あらゆる組織がこの規格を使用して組織の管理下にある OH&S リスク（労働に関係する危険な事象又はばく露の起こりやすさと、その事象又はばく露によって生じ得る負場及び疾病の重大性との組合せ）の管理に適用できます。

　また、OH&S マネジメントシステムを通じて、働く人の健康や福利といった安全衛生の側面にも対応することができます。

　ただし、OH&S パフォーマンスに影響しない製品安全、物的損害、環境影響などの課題は適用の範囲外になります。

　ISO 45001 は、OH&S パフォーマンスの程度を要求していません。同時に OH&S マネジメントシステムの構造やフレームワークなど組織が設計したマネジメントシステムの程度についても言及していません。

　ISO 45001 は、組織の OH&S マネジメントシステムを改善するため、全部又は一部分を使用することはできますが、組織の勝手な都合で、たとえ一部分であっても要求事項を組織のマネジメントシステムから除外してしまうと ISO 45001 に適合したことにはなりません。

　JIS Q 45001:2018 の元規格は ISO 45001:2018 です。JIS Q 45001 と対応国際規格 ISO 45001 との関係は、ISO/IEC Guide21-1 に従い「一致、修正、同等」のいずれかの識別が必要になりますが、JIS Q 45001:2018 は ISO 45001:2018 と IDT（identical：一致）した規格です。したがって、ISO 45001:2018 と JIS Q 450001:2018 の技術的な内容は同一であることが理解できます。

Unit 2 ▸引用規格

2 ▸ 引用規格

> この規格には，引用規格はない。

●解　説●

　この規格に引用規格はありません。したがって、ISO 45001 は単独での使用が可能です。

　なお、附属書 A.2 で示すように、他の規格から情報を得たい場合には参考文献に示してある各種文献を参照することができます。

Unit 3 ▸用語及び定義

3 ▸ 用語及び定義

> この規格で用いる主な用語及び定義は，次による。
>
> ISO 及び IEC は，標準化に使用するための用語上のデータベースを次の
> アドレスに維持している。
>
> － ISO Online browsing platform（http://www.iso.org/obp）
> － IEC Electropedia（http://www.electropedia.org/）

● 解　説 ●

箇条 3（用語及び定義）で定義した用語は 37 語です。そのうち 21 語が附属書 SL で定義されたものです。ISO 45001 で独自に定義した用語、たとえば、働く人 "worker"、参加 "participation"、協議 "consultation"、職場 "workplace" などの用語は要求事項を正しく理解する上で重要なものです。附属書 A.3 は本規格に頻出の用語を解釈する上で貴重な情報を提供してくれます。

本文が示すように、ISO 及び IEC は、次の URL において、標準化に用いる

用語及び定義
ISO 45001 に従い OH&S マネジメントシステムを構築するためには、組織全体で "用語及び定義" を正しく理解する必要があります。

用語データベースを維持しています。

- ISO オンライン・ブラウジング・プラットフォーム（http://www.iso.org/obp）
- IEC Electropedia（http://www.electropedia.org/）

3.1 ▶ 組織（organization）

> 自らの目的，目標（3.16）を達成するため，責任，権限及び相互関係を伴う独自の機能をもつ，個人又は人々の集まり。
> 注記1　組織という概念には，法人か否か，公的か私的かを問わず，自営業者，会社，法人，事務所，企業，当局，共同経営会社，非営利団体若しくは協会，又はこれらの一部若しくは組合せが含まれる。ただし，これらに限定されるものではない。
> 注記2　これは，ISO/IEC 専門業務用指針第1部の統合版 ISO 補足指針の附属書 SL に示された ISO マネジメントシステム規格に関する共通用語及び中核となる定義の一つである。

●解　説●

ISO マネジメントシステムでは、一般に目的や目標を共有する人々の集まりを「組織」と呼びます。そのため、本規格では法人や会社という呼称は登場しません。

注記1で説明があるように、組織の概念には営利・非営利の区別はなく、法人である必要もありません。この定義に沿えば、建設業界でよく見かける一人親方などの個人事業者でも組織を名乗ることができます。

注記2では、この用語と定義が2012年に発行された附属書 SL の中で中核となる定義を与えられた共通の用語であることを説明しています。附属書 SL を適用した ISO マネジメントシステム（たとえば、ISO 9001:2015（QMS）や ISO 14001:2015（EMS）など）と用語の概念が共通化できることを意味します。

3.2 ▶ 利害関係者（interested party）（推奨用語）
ステークホルダー（stakeholder）（許容用語）

> ある決定事項若しくは活動に影響を与え得るか，その影響を受け得るか，又はその影響を受けると認識している，個人又は組織（3.1）。
>
> 注記　これは，ISO/IEC 専門業務用指針第 1 部の統合版 ISO 補足指針の附属書 SL に示された ISO マネジメントシステム規格に関する共通用語及び中核となる定義の一つである。

● 解　説 ●

　巻末の附属書（A.3「用語及び定義」）によると、ステークホルダー（stakeholder）も利害関係者（interested party）と同じ概念を表す同義語です。ただし、ISO 45001 では利害関係者（interested party）の方を推奨用語にしているため、本規格では "利害関係者" を用いています。

　一般に多くの組織では、株主、顧客、監督官庁など、利害が直接的に関係する対象に注目する傾向にありますが、ISO マネジメントシステムでは多岐にわたる利害関係者の存在とその影響力を重要と見なしていることに注意する必要があるでしょう。

　ISO 9001（QMS）の基本概念、原則及び用語を示した ISO 9000（箇条 2.2.4「利害関係者」）では『利害関係者の概念は、顧客だけを重要視するという考え方を超えるものである。』と述べています。そのため、利害関係者の概念は、受発注の側面だけでは語れない幅広いものであることが理解できます。

　附属書（A.4.2　働く人及びその他の利害関係者のニーズ及び期待の理解）は、利害関係者について以下のように述べています。

　『利害関係者には働く人に加えて次の者が含まれ得る。
  a）規制当局（地方、地域、州・県、国又は国際）
  b）親組織
  c）供給者、請負者及び下請負者
  d）働く人の代表
  e）働く人の組織（労働組合）及び雇用主の組織
  f）所有者、株主、得意先、来訪者、地域社会及び組織の近隣者、並びに一般市民

g）顧客、医療及びその他の地域サービス、メディア、学術界、商業団体並びに非政府機関（NGO）

h）労働安全衛生機関及び労働安全衛生専門家』

3.3 ▶ 働く人（worker）

組織（3.1）の管理下で労働する又は労働に関わる活動を行う者。

注記1　労働又は労働に関わる活動は，正規又は一時的，断続的又は季節的，臨時又はパートタイムなど，有給又は無給で，様々な取決めの下に行われる。

注記2　働く人には，トップマネジメント（3.12），管理職及び非管理

職が含まれる。

注記3　組織の管理下で行われる労働又は労働に関わる活動は，組織
　　　　が雇用する働く人が行っている場合，又は外部提供者，請負者，
　　　　個人，派遣労働者，及び組織の状況によって，組織が労働又は
　　　　労働に関わる活動の管理を分担するその他の人が行っている場
　　　　合がある。

●解　説●

　ISO 45001 では序文（0.2　労働安全衛生マネジメントシステムの狙い）のな
かで『労働安全衛生マネジメントシステムの狙い及び意図した成果は、働く人の
労働に関係する負傷及び疾病を防止すること、及び安全で健康的な職場を提供す
ることである。』と述べています。したがって、OH&S マネジメントシステムの
重要な対象者とは"働く人"であることがわかります。

　注記1は"働く人"とは正規雇用者だけではなく、パートタイムを含む臨時
雇いの人も含むと述べています。また、ボランティアなど無給で働く人々も対象
者として含むことに注意が必要です。

　"様々な取り決めの下に"とは、広義の契約と理解できます。

　注記2では、諸外国では日本の慣例や制度をそのままでは適用できないこと
を示しています。わが国では法令上の解釈から取締役（経営者）は働く人とは別
枠の存在として扱われますが、ISO 45001 の定義によると組織のトップマネジ
メントや経営陣も"働く人"の範疇に含みます。

　注記3は、労働組合の代表を外部の組織に任せている場合などが該当します。
したがって、組織外部の人が務める労働組合の代表も認証審査の対象になること
が考えられます。このような場合は、役割を明確にするため労働協約（箇条3.9
参照）などで明文化することがあります。

3.4 ▶ 参加 (participation)

意思決定への関与。
　注記　参加には安全衛生に関する委員会及び働く人の代表（いる場合）
　　　　を関与させることを含む。

●解　説●

ISO 45001 では『働く人及び働く人の代表（いる場合）の協議及び参加は、労働安全衛生マネジメントシステムの重要な成功要因』（箇条 0.3　成功のための要因）と述べています。働く人の参加なくしては ISO 45001 の目的を達成することが難しいという意味です。

参加とは、OH&S パフォーマンス対策及び変更案に関する意思決定プロセスに働く人が寄与できるようにすること（意思決定に関与させること）です。たとえば、組織が OH&S マネジメントシステムの内容を改訂したいと考えた場合に、労働組合の代表者等を招いて協議することなどは参加に該当します。

なお、箇条 3.5 の"協議"とは意思決定の前に意見を求めることです。したがって、時系列的には「協議」を経てから「参加」する方が一般的だと思われます。

┃ 3.5 ▶ 協議（consultation）

> 意思決定をする前に意見を求めること。
> 　　注記　協議には安全衛生に関する委員会及び働く人の代表（いる場合）
> 　　　　を関与させることを含む。

●解　説●

協議とは意思決定の前に"意見を求めること"です。働く人に意見聴取の機会を提供するためです。たとえば、安全衛生委員会などに働く人の代表者が参加することも協議の一部になります。

┃ 3.6 ▶ 職場（workplace）

> 組織（3.1）の管理下にある場所で，人が労働のためにいる場所，又は出向く場所。
> 　　注記　職場に対する労働安全衛生マネジメントシステム（3.11）に基づ
> 　　　　く組織の責任は，職場に対する管理の度合いによって異なる。

●解　説●

どこであっても、働く人の労働場所が職場になります。ただし、他社の管理下

にある働く場所は他社の職場と理解します。たとえば、本社の事務担当者が自社の管理下にある製造工場や建設現場を訪れた場合には、その場所も事務担当者にとっては職場の一部になります。

また、働く場所に他社との共用スペースが存在する場合、その共用スペースも職場の一部になり、組織の責任の程度は各社の管理の度合いに応じて変わることがあります。複数の組織で共有する製品出荷場やビルの共用スペースなどはその一例です。

| 3.7 ▶ 請負者（contractor）

> 合意された仕様及び契約条件に従い，組織にサービスを提供する外部の組織（3.1）。
> 　注記　サービスにとりわけ建設に関する活動を含めてもよい。

●解　説●

請負者とは、原則として当事者間の契約に基づきサービス、製品及び労働力などを提供する外部の組織であり、外部提供者（external provider）の一部を含むことがあります。請負者は下請負契約者と呼ぶこともあります。

附属書（箇条A、8.1.4.2　請負者）は、請負者と組織の責任に関して以下のように説明しています。

『調整の必要性は、一部の請負者（いわゆる外部提供者）が特殊な知識、技能、方法及び手段をもつことを認めるということである。請負者の活動及び運用の例は、保守、建設、運用、警備、清掃、及びその他多数の機能がある。請負者には、コンサルタント、又は事務、経理及びその他の機能のスペシャリストも含まれ得る。活動を請負者に割り当てることは、働く人の労働安全衛生に対する組織の責任を消し去るものではない。』

そのため、組織の活動の一部を請負者に割り当てたとしても、組織は労働安全衛生に関する責任を回避できないことが示されています。

| 3.8 ▶ 要求事項（requirement）

> 明示されている，通常暗黙のうちに了解されている又は義務として要求さ

れている，ニーズ又は期待。
　　注記1　"通常暗黙のうちに了解されている"とは，対象となるニーズ
　　　　　又は期待が暗黙のうちに了解されていることが，組織（3.1）及
　　　　　び利害関係者（3.2）にとって，慣習又は慣行であることを意味
　　　　　する。
　　注記2　規定要求事項とは，例えば，文書化した情報（3.24）の中で明
　　　　　示されている要求事項をいう。
　　注記3　これは，ISO/IEC 専門業務用指針第1部の統合版 ISO 補足指
　　　　　針の附属書 SL に示された ISO マネジメントシステム規格に関
　　　　　する共通用語及び中核となる定義の一つである。

●解　説●

　要求事項は、特定の種類の要求事項であることを示すために修飾語を用いることがあります。たとえば、顧客要求事項、規制要求事項、OH&S 要求事項などはその一例です。

　"明示されている"とは、明確に規定された要求事項のことです。"通常暗黙のうちに了解されている"とは言うまでもなく当たり前で常識的な範囲の要求事項で、"義務として"とは規制要求事項や法令要求事項等のように組織とその配下の利害関係者が順守しなければならない強制力を伴う事項です。

　"ニーズ又は期待"が示すように、要求事項にはニーズだけではなく期待までもが含まれることに注意が必要です（図 3-1 参照）。

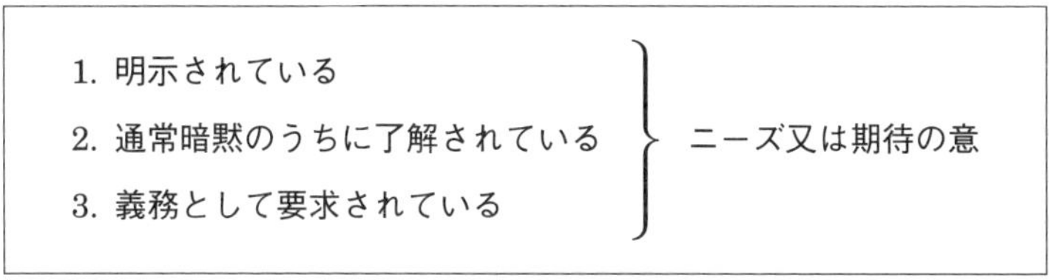

1. 明示されている
2. 通常暗黙のうちに了解されている　　　ニーズ又は期待の意
3. 義務として要求されている

図 3-1　ニーズ又は期待とは

3.9 ▶ 法的要求事項及びその他の要求事項
(legal requirements and other requirements)

　組織（3.1）が順守しなければならない法的要求事項，及び組織が順守しなければならない又は順守することを選んだその他の要求事項（3.8）。

　　注記1　この規格の目的上，法的要求事項及びその他の要求事項とは，労働安全衛生マネジメントシステム（3.11）に関係する要求事項である。

　　注記2　"法的要求事項及びその他の要求事項"には，労働協約の規定が含まれる。

　　注記3　法的要求事項及びその他の要求事項には，法律，規則，労働協約及び慣行に基づき，働く人（3.3）の代表である者を決定する要求事項が含まれる。

●解　説●

　法的要求事項とは、主に立法機関または立法機関から委任された当局により規定された要求事項を指します。その他の要求事項には組織が順守すると決めた要求事項を含みます。

　注記1では、法的要求事項及びその他の要求事項は、あくまでも OH&S に関連した要求事項に限定していることを示しています。したがって、ISO 9001 など他の分野の ISO マネジメントシステムで適用される要求事項は、原則として箇条3.9の適用範囲外になります。

　注記2では"法的要求事項及びその他の要求事項"には労働協約の規定が含まれることを示しています（雇用契約の理解を必要とする場合があります）。

　注記3では、法的要求事項及びその他の要求事項には"法律、規則、労働協約及び慣行に基づき、働く人の代表である者を決定する要求事項が含まれる"と述べています。そのため、たとえば労働組合の委員長を決めるためのルールや手順も要求事項の一部であることがわかります（労働組合法の理解を必要とする場合があります）。

3.10 ▶ マネジメントシステム（management system）

方針（3.14），目標（3.16）及びその目標を達成するためのプロセス（3.25）を確立するための，相互に関連する又は相互に作用する，組織（3.1）の一連の要素。

注記1　一つのマネジメントシステムは，単一又は複数の分野を取り扱うことができる。

注記2　システムの要素には，組織の構造，役割及び責任，計画，運用，並びにパフォーマンスの評価及び向上が含まれる。

注記3　マネジメントシステムの適用範囲としては，組織全体，組織内の固有で特定された機能，組織内の固有で特定された部門，複数の組織の集まりを横断する一つ又は複数の機能などがあり得る。

注記4　これは，ISO/IEC 専門業務用指針第1部の統合版 ISO 補足指針の附属書 SL に示された ISO マネジメントシステム規格に関する共通用語及び中核となる定義の一つである。注記2は，マネジメントシステムのより広範な要素の幾つかを明確にするために修正した。

●解　説●

本規格では"マネジメント"及び"システム"を定義していませんが、それらの組合せである"マネジメントシステム"の定義は『方針、目標及びその目標を達成するための（中略）組織の一連の要素』と述べています。"組織の一連の要素"とは、たとえばプロセスフローチャートのように連なるプロセス群として理解できます。

ISO 9000 を参照すると、"マネジメント、運営管理（management）：組織を指揮し、管理するための調整された活動"、"システム（system）：相互に関連する又は相互に作用する要素の集まり"と述べています。

労働安全衛生マネジメントシステム
3.11 ▶ (occupational health and safety management system) OH&S マネジメントシステム (OH&S management system)

労働安全衛生方針 (3.15) を達成するために使用されるマネジメントシステム (3.10) 又はマネジメントシステムの一部。

注記1　労働安全衛生マネジメントシステムの意図した成果は，働く人 (3.3) の負傷及び疾病 (3.18) を防止すること，並びに安全で健康的な職場 (3.6) を提供することである。

注記2　"OH&S" と "OSH" の意味は同じである。

●解　説●

労働安全衛生マネジメントシステム (OH&S マネジメントシステムは同意語) とは、労働安全衛生方針を達成するために組織が使用するマネジメントシステムを総称した呼称です。

注記1は、OH&S マネジメントシステムの意図した成果を "働く人の負傷及び疾病を防止すること、並びに安全で健康的な職場を提供すること" と述べています。より具体的には箇条 5.2「労働安全衛生方針」を参照することができます。

注記2は、"OH&S" と "OSH" は同じ意味であることを示しています。

3.12 ▶ トップマネジメント (top management)

最高位で組織 (3.1) を指揮し，管理する個人又は人々の集まり。

注記1　労働安全衛生マネジメントシステム (3.11) に関する最終的な責任が保持される限り，トップマネジメントは，組織内で，権限を委譲し，資源を提供する力をもっている。

注記2　マネジメントシステム (3.10) の適用範囲が組織の一部だけの場合，トップマネジメントとは，組織内のその一部を指揮し，管理する人をいう。

注記3　これは，ISO/IEC 専門業務用指針第1部の統合版 ISO 補足指針の附属書 SL に示された ISO マネジメントシステム規格に関する共通用語及び中核となる定義の一つである。注記1は，労

働安全衛生マネジメントシステムに関してトップマネジメント
の責任を明確にするために修正した。

●解　説●

　一般に代表取締役、社長や CEO をトップマネジメントと称する組織が多いようです。しかし、定義にもあるように複数人の経営陣を指してトップマネジメントと呼ぶこともできます。

　注記 2 は、OH&S マネジメントシステムの適用範囲が組織の全域ではなく、ある部分的な範囲の場合には、その領域の中において指揮し、管理する人をトップマネジメントと称することができることを示しています。

　また、事業部や工場単位でマネジメントシステムを適用している組織の場合は事業部や工場でトップに立つ人をその代表者としてトップマネジメントと呼称することがあります。

　箇条 3.3「働く人」で述べているように、ISO 45001 においてはトップマネジメントも働く人の範疇に含まれることに注目する必要があります。

3.13 ▶ 有効性（effectiveness）

　計画した活動を実行し，計画した結果を達成した程度。
　　注記　これは，ISO/IEC 専門業務用指針第 1 部の統合版 ISO 補足指針
　　　　　の附属書 SL に示された ISO マネジメントシステム規格に関する
　　　　　共通用語及び中核となる定義の一つである。

●解　説●

　有効性とは、どの程度計画を達成したか（できたか）という意味合いで使用します。そのため、計画の善し悪しや計画の高低や程度に関係なく、あくまでも組織が策定した計画の達成した程度に関してのみ、有効か有効でないかを判断することになります。

　有効性には「効率」（ISO 9000　箇条 3.7.10「達成された結果と使用された資源との関係」）の概念を含まないことに注意が必要です。

3.14 ▶ 方針（policy）

> 　トップマネジメント（3.12）によって正式に表明された組織（3.1）の意図及び方向付け。
>
> 　注記　これは，ISO/IEC 専門業務用指針第 1 部の統合版 ISO 補足指針の附属書 SL に示された ISO マネジメントシステム規格に関する共通用語及び中核となる定義の一つである。

●解　説●

　社長などトップマネジメントから公式に表明された OH&S 方針は、会社としての戦略的な方向付けを示します。多くの組織では、「労働安全衛生方針」、「品質方針」及び「環境方針」など複数の方針を掲げていますが、その内容は相互に矛盾することのないように配慮する必要があります。方針とは、その分野が異なっていても組織に適しており、組織が向かうべき方向を指し示したものになります。

　組織の方針は、必ずしも自社に向けてのみ公表されるとは限りません。利害関係者に対して組織の経営姿勢を示すために公表することもあるため、その内容は公益性にも十分な配慮が必要と考えます。

3.15 ▶ 労働安全衛生方針（occupational health and safety policy）
OH&S 方針（OH&S policy）

> 　働く人（3.3）の労働に関係する負傷及び疾病（3.18）を防止し，安全で健康的な職場（3.6）を提供するための方針（3.14）。

●解　説●

　OH&S 方針は労働安全衛生の分野に特化した方針です。OH&S 方針が満たさなくてはならない要求事項は、箇条 5.2「労働安全衛生方針」で詳しく述べられています。

3.16 ▶ 目的、目標 (objective)

達成する結果。
　注記1　目的（又は目標）は，戦略的，戦術的又は運用的であり得る。
　注記2　目的（又は目標）は，様々な領域［例えば，財務，安全衛生，
　　　　　環境の到達点（goal）］に関連し得るものであり，様々な階層
　　　　　［例えば，戦略的レベル，組織全体，プロジェクト単位，製品ご
　　　　　と，プロセス（3.25）ごと］で適用できる。
　注記3　目的（又は目標）は，例えば，意図した成果，目的（purpose），
　　　　　運用基準など，別の形で表現することもできる。また，労働安
　　　　　全衛生目標（3.17）という表現，又は同じような意味をもつ別の
　　　　　言葉［例　狙い（aim），到達点（goal），目標（target）］で表す
　　　　　こともできる。
　注記4　これは，ISO/IEC 専門業務用指針第1部の統合版 ISO 補足指
　　　　　針の附属書 SL に示された ISO マネジメントシステム規格に関
　　　　　する共通用語及び中核となる定義の一つである。附属書 SL の当
　　　　　初の注記4は，"労働安全衛生目標" が 3.17 において別途定義
　　　　　されているので削除した。

● 解　説 ●

　目的と目標は、いずれも "objective" から派生した用語であるためよく似た概念です。定義 "達成する結果" はわかりやすいものですが、注記1〜3を理解する必要があります。

　注記1では、目的と目標は戦略的であり、戦術的であり、運用的であり得ると述べています。戦略的の "戦略" に関し、他の ISO マネジメントシステム規格では『長期的又は全体的な目標を達成するための計画』（ISO 9000　箇条 3.5.12「戦略」）と述べています。したがって、目的と目標とは組織の高いレベルで決定される計画を指しており、戦術的とはより実行計画に近く、運用的とは実施レベルの計画をイメージできるように組織の上位から段階的に展開するものであることがわかります。

　注記2では、組織には OH&S だけではなく品質や環境など様々な目的や目標があることを示しています。同時に様々な階層で計画され運用されることを示唆

しています。

注記3では、目的又は目標は、表し方に多様性があることを述べています。そのため "objective" の類語として、狙い（aim）、到達点（goal）、目標（target）など別の形でも表すことができます。

3.17 ▶ 労働安全衛生目標（occupational health and safety objective）OH&S 目標（OH&S objective）

> 労働安全衛生方針（3.15）に整合する特定の結果を達成するために組織（3.1）が定める目標（3.16）。

●解　説●

OH&S目標に関しては、箇条6.2.1（労働安全衛生目標）で詳細に述べています。注目すべき点は、"労働安全衛生方針と整合している" 及び "測定可能（実行可能な場合）で、又はパフォーマンス評価が可能" なことです。とくに後者については目標を設定後、達成度が確認・評価できることが重要であることを意味しています。

3.18 ▶ 負傷及び疾病（injury and ill health）

> 人の身体，精神又は認知状態への悪影響。
> 　注記1　業務上の疾病，疾患及び死亡は，これらの悪影響に含まれる。
> 　注記2　"負傷及び疾病" という用語は，負傷又は疾病が単独又は一緒に存在することを意味する。

●解　説●

序文でも述べているように、OH&Sマネジメントシステムの狙い及び意図した成果の一つは "働く人の労働に関係する負傷及び疾病を防止すること" です。"負傷及び疾病" の悪影響には "死亡" を含みます。

3.19 ▶ 危険源（hazard）

負傷及び疾病（3.18）を引き起こす可能性のある原因。
　注記　危険源は，危害又は危険な状況を引き起こす可能性のある原因，
　　　　並びに負傷及び疾病につながるばく露の可能性のある状況を含み得
　　　　る。

●解　説●

　危険源は誤解されやすい用語の一つです。定義は"負傷及び疾病を引き起こす
可能性のある原因"と述べているため，"可能性のある原因"や"可能性のある
状況"も危険源の一部になります。そのため，今現在は危険源が潜在している状
況も危険源に含まれることを理解する必要があります。
　たとえば，箇条 6.1.2.1（危険源の特定）などのプロセスでは，危険源の定義
を正しく理解しているかどうかでその結果に影響を与えてしまうことがあるため
十分に考慮すべき用語になります[*1]。

3.20 ▶ リスク（risk）

不確かさの影響。
　注記 1　影響とは，期待されていることから，好ましい方向又は好ま
　　　　　しくない方向にかい（乖）離することをいう。
　注記 2　不確かさとは，事象，その結果又はその起こりやすさに関す
　　　　　る，情報，理解又は知識に，たとえ部分的にでも不備がある状
　　　　　態をいう。
　注記 3　リスクは，起こり得る"事象"（JIS Q 0073：2010 の 3.5.1.3
　　　　　の定義を参照）及び"結果"（JIS Q 0073：2010 の 3.6.1.3 の定
　　　　　義を参照），又はこれらの組合せについて述べることによって，
　　　　　その特徴を示すことが多い。
　注記 4　リスクは，ある事象（その周辺状況の変化を含む。）の結果と
　　　　　その発生の"起こりやすさ"（JIS Q 0073：2010 の 3.6.1.1 の定

---

*1：OHSAS 18001：2007 が定義する"hazard"（危険源）には"act"（行為）を含みますが，ISO 45001 の"危険源"
に行為は含みません。したがって ISO 45001 の危険源から人的行為が除外されていると理解することができます。

義を参照）との組合せとして表現されることが多い。

注記5　この規格では，"リスク及び機会"という用語を使用する場合
は，労働安全衛生リスク（3.21），労働安全衛生機会（3.22），マ
ネジメントシステムに対するその他のリスク及びその他の機会
を意味する。

注記6　これは，ISO/IEC 専門業務用指針第1部の統合版 ISO 補足指
針の附属書 SL に示された ISO マネジメントシステム規格に関
する共通用語及び中核となる定義の一つである。注記5は，"リ
スク及び機会"という用語をこの規格内で明確に用いるために
追加した。

●解　説●

ISO はリスクマネジメントの規格 "ISO 31000" の初版を 2009 年に発行しま
した。この ISO 規格は全文翻訳されて "JIS Q 31000:2010"（リスクマネジメ
ント−原則及び指針）を、そしてその用語を定義した ISO GUIDE 73:2009 を
"JIS Q 0073:2010"（リスクマネジメント−用語）として制定しました。

附属書 SL で規定する "リスク" の定義は上記の ISO 31000 と ISO GUIDE
73 の定義 "目的に対する不確かさの影響" に準じたものです*2。

注記1〜4 の理解を深めるためには、"ISO 31000:2009"（JIS Q 31000:2010）
と "ISO GUIDE 73:2009"（JIS Q 0073:2010）を参照するとよいでしょう。

注記5 は、ISO 45001 の「リスク及び機会」には、OH&S リスク、OH&S 機
会、（その他の）リスク、（その他の）機会の計4種類が存在することを示して
います（箇条 6.1（リスク及び機会への取組み）を参照）。

Column ＜ **機会とは**

リスクと対で使用する機会とは "opportunity" の訳語で「組織が積極的に何か
を得ようとする行動」を意味します。よく似た用語にチャンスがあります。チャン
スは機会よりも偶発的で、必ずしも組織の意思決定による行動になるとは限りませ

---

*2：本書執筆時点で ISO 31000 は 2018 年に改訂2版へ、邦訳版の JIS も 2019 年に改正されました。ISO 45001
のリスクは、ISO 31000 の定義から "目的に対する" を削除し、"不確かさの影響" と定義しています。

ん。

　ISO のマネジメントシステム規格（MSS）には機会の定義が見当たらないため、他の ISO の MSS を参照すると『"opportunity" とは "possibility due to a favorable combination of circumstances"「好都合な状況の組み合わせによる可能性」（ただし、状況には、時間、状況、およびリソースを含む）』（JIS Q 9000 解説）と説明があります。ISO の MSS における機会をリスクと対になる概念もしくは、裏返しであるかどうかの意見も百出しています。

3.21 ▶ 労働安全衛生リスク（occupational health and safety risk）OH&S リスク（OH&S risk）

> 労働に関係する危険な事象又はばく露の起こりやすさと，その事象又はばく露によって生じ得る負場及び疾病（3.18）の重大性との組合せ。

● 解　説 ●

　OH&S リスクは、附属書 SL では規定されていない ISO 45001 独自の用語です。箇条 3.20 で "リスク" が定義されているにもかかわらず、あえて OH&S リスクを定義した理由は、OH&S リスクの範囲が "OH&S 活動に限定されたリスク" のためです。JIS Q 45001:2018 の解説では『"労働安全衛生リスク" とは、労働安全衛生法第 28 条の 2 及び厚生労働省の "危険性又は有害性等の調査等に関する指針（リスクアセスメント指針）" に基づき職場で実施しているリスクアセスメントの "リスク" に相当する』と述べています。

　"その他のリスク" は "労働安全衛生マネジメントシステムの実施、運用などに関係するリスクを表している" の意味であり、たとえば OH&S マネジメントシステムが形骸化しているためにうまくマネジメントシステムが廻せない状態や、トップマネジメントが役割と責任を果たしていない場合に生じるリスクなどを含みます。

3.22 ▶ 労働安全衛生機会（occupational health and safety opportunity）OH&S 機会（OH&S opportunity）

労働安全衛生パフォーマンス（3.28）の向上につながり得る状況又は一連の状況。

●解　説●

　その意味がわかりにくい用語の筆頭にあげられることの多い"機会"ですが、ISO 45001 には、"労働安全衛生機会（OH&S 機会）"と"（その他の）機会"の二種類が登場するため、さらにわかりにくい用語になってしまいました。

　ここで、"（その他の）機会"は附属書 SL 及び ISO 45001 では定義されていません。JIS Q 45001 の解説では、"（その他の）機会"とは"労働安全衛生マネジメントシステムの実施、運用などが改善される機会を表している"と述べています。

　たとえば、ある機会により OH&S マネジメントシステムがより円滑に回るようになった、OH&S マネジメントシステムの改善が進んだ、などの場合は"（その他の）機会"が顕在化した状態を示します。

　OH&S 機会には、安全衛生活動をより良くするために多くの組織が実施している"安全決起大会"や"安全衛生インセンティブ活動（表彰制度はその一例）"などを含みます。

3.23 ▶ 力量（competence）

意図した結果を達成するために，知識及び技能を適用する能力。
　　注記　これは，ISO/IEC 専門業務用指針第 1 部の統合版 ISO 補足指針の附属書 SL に示された ISO マネジメントシステム規格に関する共通用語及び中核となる定義の一つである。

●解　説●

　力量の定義を正しく理解するためには"意図した結果"を理解する必要があります。ISO 45001 では"意図した結果"を以下のように説明しています。

　『労働安全衛生マネジメントシステムの意図した成果は、組織の労働安全衛生

方針に整合して、次の事項を含む。

　a）労働安全衛生パフォーマンスの継続的な改善

　b）法的要求事項及びその他の要求事項を満たすこと

　c）労働安全衛生目標の達成』

（箇条1「適用範囲」）

　したがって、力量とは上記の意図した結果a）～c）を達成するため、知識及び技能を適用する能力であることが含まれます。

　ISO 9000では力量に加えて実現能力（capability）という用語を"要求事項を満たすアウトプットを実現する、対象の能力"と定義しているので、"力量"と"能力"は区別して考えなければならないことが理解できます。

Column 　**力量を理解するため"ISO 9002"を参照する**

　力量について、JIS Q 9002はより詳しい情報を提供してくれますので、少し長いですが以下にその抜粋を紹介します。

　『この細分箇条の意図は、製品及びサービスの適合又は顧客満足に影響を及ぼし得る、組織内の職務又は活動に必要な力量を明確にすること、並びにこれらの職務に就く人又はこれらの活動を遂行する人々（例えば、管理職、現職従業員、臨時従業員、下請負業者、外部委託された人々）がそれらを実行する力量を備えることを確実にすることである。

　人々の力量は、それらの人の教育、訓練及び経験に基づいて得られる。力量を実証できる者は、有資格者と呼ばれる場合がある。

　組織は、活動又は役職・役割のいずれかによって、力量に関する要求事項を決定することが望ましい。

　一部の業務は、適正に又は安全に実行するために特定の力量レベルを必要とすることがあり得る（例えば、内部品質監査、溶接、非破壊試験）。幾つかの業務（例えば、フォークリフト又はトラックの運転、調査）では、人員が有資格者である必要があるかもしれない。力量に関する要求事項は、職務記述書に定める、職務を分析するときに職務評価活動を実施するなど、様々な方法で決定することができる。

　ある人の力量は、その人が十分な教育、訓練又は経験をもつか否かをレビューすることによって確認することが望ましい。これは、就職面接、履歴書のレビュー、観察、訓練に関する文書化した情報、又は卒業証書によって行ってもよいかもしれない。

　組織の中のある人が力量に関する要求事項に適合しない場合、又は適合しなく

なった場合には、処置をとることが望ましい。こうした処置には、従業員を指導者が指導する、教育訓練を提供する、その人が問題なく行えるようにプロセスを簡素化する、その従業員を別の職場に異動させるなどの方法が含まれ得るが、これらに限定されるものではない。

また、組織は、とった処置の有効性を評価することが望ましい。例えば、組織は、教育訓練を受けた人々に、職務を実行するために必要な力量を自分が身に付けたと思うかどうかを尋ねてもよいかもしれない。

有効性は、本人のパフォーマンスの直接的観察、又は任務及びプロジェクトの結果の検証を含む別の手段によって評価することもできる。

組織の管理下で業務を行う人が外部提供者から派遣されている場合は、外部から提供されたプロセスの監査、製品及びサービスの検査、力量に関する要求事項を規定する契約及びサービスレベル合意書の確立などの追加の管理及び監視が必要となり得る。組織は、とるべき処置を決定する責任を負う。こうした処置は、要求事項への適合を確実にする上で力量がどれだけ重要かによって異なる。

組織は、従業員の力量の証拠になる適切な文書化した情報、例えば、卒業証書、免許、履歴書、教育訓練の修了証、パフォーマンスレビュー記録などを保持することが望ましい。

従業員が正式な認定教育（例えば、大学の学位）を受けている場合、その従業員が、必ずしもその知識を生かすことができるというわけではないが、業務を遂行するために必要な知識の一部又は全てを習得していることを実証するためにその証書を用いることができる。その他の形態のより実務的な訓練（例えば、看護、機械工としての実習）は、知識及び技能を生かす能力も扱っている。』（JIS Q 9002：2018　箇条 7.2「力量」から抜粋）

3.24 ▶ 文書化した情報（documented information）

組織（3.1）が管理し，維持するよう要求されている情報，及びそれが含まれている媒体。

　　注記1　文書化した情報は，あらゆる形式及び媒体の形をとることができ，あらゆる情報源から得ることができる。

　　注記2　文書化した情報には，次に示すものがあり得る。

　　　　　　a）関連するプロセス（3.25）を含むマネジメントシステム（3.10）

b）組織の運用のために作成された情報（文書類）

　　c）達成された結果の証拠（記録）

　注記3　これは，ISO/IEC 専門業務用指針第 1 部の統合版 ISO 補足指
　　　　　針の附属書 SL に示された ISO マネジメントシステム規格に関
　　　　　する共通用語及び中核となる定義の一つである。

●解　説●

　"文書化した情報" とは "文書" と "記録" を指します。ISO では情報化社会
の実情を反映するため、新たに "文書化した情報" という用語を附属書 SL の中
で定義しました。文書化した情報では記録媒体（紙や光ディスクなど）の管理を
重要視するというよりは、記録媒体に書き込まれた "情報" そのものを適切に管
理することが重要であることを示唆しています。

　注記 1 では、情報の媒体と情報の入手元は多岐にわたるものであると述べて
います。

　注記 2 では、文書化した情報を例示しています。ここから文書化した情報に
は "文書" と "記録" の両方であることが理解できます。ちなみに文書とは運用
のための指示書や規定類などが含まれ、記録とは運用した結果を活動の証拠とし
て文字どおり記録したものです。

　ISO 45001 の附属書 A によると、『"文書化した情報" は、文書及び記録の両
方を含むという意味で使用される。この規格では、記録を意味するときに、"…
の証拠として文書化した情報を保持する" という表現を使用している。また、手
順を含む文書を意味するときに "文書化した情報として維持しなければならな
い" という表現を使用している。と説明しています。したがって、文書では "維
持" を、記録では "保持" を使用することにより、文書と記録の見分けがつくよ
うになっています。

3.25 ▶ プロセス（process）

　インプットをアウトプットに変換する，相互に関連する又は相互に作用す
る一連の活動。

　　注記　これは，ISO/IEC 専門業務用指針第 1 部の統合版 ISO 補足指針
　　　　　の附属書 SL に示された ISO マネジメントシステム規格に関する

共通用語及び中核となる定義の一つである。

● 解　説 ●

　ISO マネジメントシステムでは、プロセスとプロセスアプローチを積極的に採用しています。そのため ISO 45001 の理解を深めるためには、プロセスとプロセスアプローチの理解を必要とします。

　"プロセス"の定義は箇条 3.25 に示すとおりです。一方の"プロセスアプローチ"とは『活動を、首尾一貫したシステムとして機能する相互に関連するプロセスであると理解し、マネジメントすることによって、矛盾のない予測可能な結果が、より効果的かつ効率的に達成できる。』(ISO 9000：2015 箇条 2.3.4「プロセスアプローチ」参照)が参考にできます。正しく設計されたプロセスを経ることで組織が期待する結果を手に入れる、という考え方に基づきます。

　参考になりますが、JIS Q 9002 箇条 4.4 の「品質マネジメントシステム及びそのプロセス」では、『組織は、まずプロセスの活動を決定し、次に活動を実行する者を決定することで、プロセスの責任及び権限を割り当てることが望ましい。責任及び権限は、組織図、手順書、業務方針、職務記述書などの文書化した情報において、又は口頭での指示という単純な方法を用いて確立することができる。』と述べており、プロセスの活動内容、実行者及び責任権限の決定を推奨しています。

Column　＞　プロセスを考える

　プロセスとは何か、どのように用いるものなのか、などについての情報は JIS Q 9002 箇条 4.4.1 から得ることができます(以下、その引用)。
　a) プロセスに必要なインプット及びプロセスから期待されるアウトプットを明確にする。インプット及びアウトプットは、有形の場合(材料、部品、設備など)と無形の場合(データ、情報、知識など)とがあり得る。
　b) プロセスの順序及び相互作用を明確にするときには、前後のプロセスのインプット及びアウトプットとのつながりを考慮することが望ましい。プロセスの順序及び相互作用の詳細を定める方法は、例えば、プロセスマップ、フローチャートなど、様々な方法を用いることができる。
　c) プロセスが計画した結果を実現することを確実にするために、プロセス管理の基準及び方法を決定し、適用することが望ましい。

d) プロセスに必要な資源を明確にすることが望ましい。（人々、インフラストラクチャ、プロセスの運用に必要な環境、組織の知識、監視及び測定のための資源など）

e) プロセスの活動を決定し、次に活動を実行する者を決定することで、プロセスの責任及び権限を割り当てることが望ましい。責任及び権限は、組織図、手順書、業務方針、職務記述書などの文書化した情報において、又は口頭での指示という単純な方法を用いて確立することができる。

　したがって、マネジメントシステムの中で複数のプロセスを使いこなすためには、個々のプロセスを定義する必要性が考えられます。たとえば、後述するタートルチャートはプロセスを見える化するための簡便な方法の代表例です。

　また、ISO 9001:2015 はプロセスの概念を図解しているため、以下に紹介します。

Column ＜ ISO 9001 におけるプロセスの概念

　プロセスアプローチとは組織がマネジメントシステムで価値を創造するために、体系化したプロセスを適切に管理することです。ISO はプロセスの管理方法の一例について図 3-2「単一プロセスの要素の図示（ISO 9001）」の中で説明しています。

　この図は単一のプロセスを対象にしたもので、インプットは何か、それはどこから来るのか、そしてアウトプットは何か、その引渡先はどこかなどをわかるようにしたものです。インプットからアウトプットの引渡しまでの一連の流れは、プロセ

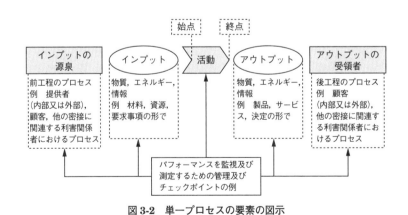

図3-2　単一プロセスの要素の図示
（JIS Q 9001:2015 より引用）

スのモニタリングとして監視及び測定の管理対象になります。こうしたことが作業方法を明示する手順とは異なる理由です。

　図3-2を参考にして作成した図3-3「内部監査後の是正要求書作成プロセス（例）」を以下に例示します。多くの組織が採用しているタートルチャートと呼ばれる技法は、必要最小限の項目のみでプロセスを定義することができます。[1]

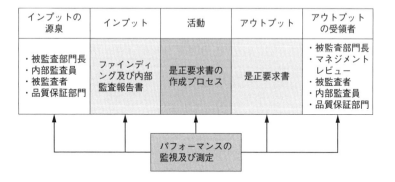

インプットの源泉	インプット	活動	アウトプット	アウトプットの受領者
・被監査部門長 ・内部監査員 ・被監査者 ・品質保証部門	ファインディング及び内部監査報告書	是正要求書の作成プロセス	是正要求書	・被監査部門長 ・マネジメントレビュー ・被監査者 ・内部監査員 ・品質保証部門

パフォーマンスの監視及び測定

パフォーマンスを監視及び測定するための管理及びチェックポイント

1. インプットの決定（監査で検出したファインディングと内部監査報告書）
2. アウトプットの決定（是正要求書）
3. 内部監査の規定
4. ファインディングの評価基準（ベースライン）
5. 過去の類似不適合で得られた組織の教訓

図3-3　内部監査後の是正要求書作成プロセス（例）

---

[1]：タートルチャートとプロセスの定義方法については、拙著「ISO 21500から読み解くプロジェクトマネジメント」（オーム社）を参考にすることができます。

3.26 ▶ 手順（procedure）

　活動又はプロセス（3.25）を実行するための所定のやり方。
　　注記　手順は文書化してもしなくてもよい。
　（出典：JIS Q 9000：2015の3.4.5を修正。注記を修正した。）

●解　説●

ISO マネジメントシステムの要求事項は一貫して "What～"（何を～）の説明に終始しています。そのため組織は "How～"（どのように～）を独自に決めなければなりません。この "How" が "手順" に相当しており「所定のやり方」を意味します。

注記で述べているように、手順は文書化しても、文書化しなくても構わないことになっています。ただし、同一組織内の同一作業でありながら担当する A 氏と B 氏で手順が異なるなどの属人的な所作は慎む必要があります。したがって、組織が必要とする場合には手順を何らかの方法[*3] で明確にしておくことが望ましいでしょう。

3.27 ▶ パフォーマンス（performance）

測定可能な結果。
- 注記 1　パフォーマンスは，定量的又は定性的な所見のいずれにも関連し得る。結果は，定性的又は定量的な方法で判断し，評価することができる。
- 注記 2　パフォーマンスは，活動，プロセス（3.25），製品（サービスを含む。），システム又は組織（3.1）の運営管理に関連し得る。
- 注記 3　これは，ISO/IEC 専門業務用指針第 1 部の統合版 ISO 補足指針の附属書 SL に示された ISO マネジメントシステム規格に関する共通用語及び中核となる定義の一つである。注記 1 は，結果を判断及び評価するために使われる可能性がある方法の種類を明確にするために修正された。

●解　説●

ISO 45001 では "パフォーマンス" という用語を多用しています。パフォーマンスは対で使用することの多い "有効性" と比較することでその概念がわかりやすくなります。

たとえば、"有効性" とは計画した活動を実行し、計画した結果を達成した程

[*3]：手順書、写真、動画、教育訓練などはその一例になります。ISO 9000 は文書及び仕様書の説明として『手順を記した文書』と例示しています。

度を意味しますが、"パフォーマンス"とは組織の定性的・定量的な測定可能な結果です。したがって、パフォーマンスの方が成果を現す指標としてはより具体的な存在であることがわかります。

　注記1で示すように、パフォーマンスには定量的な結果だけではなく、定性的な結果も含みます。"定性的なパフォーマンス"とは、たとえば「事務所がよい雰囲気に変わってきた」とか「挨拶が励行されるようになった」などが考えられます。ちなみに"定量的なパフォーマンス"には「内部監査のファインディングが前年度比25％増加した」などが該当するでしょう。

　注記2では、パフォーマンスの対象を示しています。たとえば、活動のパフォーマンスには効率が、プロセスのパフォーマンスには内部監査の結果が、製品及びサービスのパフォーマンスには顧客満足度が、システム又は組織の運営管理はマネジメントレビューなどが考えられます。

3.28 ▶ 労働安全衛生パフォーマンス（occupational health and safety performance）OH&S パフォーマンス（OH&S performance）

> 働く人（3.3）の負傷及び疾病（3.18）の防止の有効性（3.13），並びに安全で健康的な職場（3.6）の提供に関わるパフォーマンス（3.27）。

● 解　説 ●

　OH&Sマネジメントシステムのパフォーマンスとは、箇条0.2「労働安全衛生マネジメントシステムの狙い」で示すように、『労働安全衛生マネジメントシステムの狙い及び意図した成果は、働く人の労働に関係する負傷及び疾病を防止すること、及び安全で健康的な職場を提供することである。』ことが考えられます。したがって、字面からも労働安全衛生に関わるパフォーマンスを指すことが理解できます。パフォーマンスを表す方法の一例としては"度数率"や"強度率"などが考えられます。

3.29 ▶ 外部委託する（outsource）（動詞）

> ある組織（3.1）の機能又はプロセス（3.25）の一部を外部の組織（3.1）が実施するという取決めを行う。

注記1 外部委託した機能又はプロセスはマネジメントシステム
（3.10）の適用範囲内にあるが，外部の組織はマネジメントシス
テムの適用範囲の外にある。
注記2 これは，ISO/IEC 専門業務用指針第 1 部の統合版 ISO 補足指
針の附属書 SL に示された ISO マネジメントシステム規格に関
する共通用語及び中核となる定義の一つである。

● 解　説 ●

"外部委託する"（＝アウトソース）とは、組織にプロセスが存在し、そのプロ
セスの実施を委託先に任せることです。一方で、組織に存在しないプロセス又は
製品を外部から調達することを"購買"と呼びます。

注記1では、委託先が自社の OH&S マネジメントシステムの適用範囲外で
あっても、外部委託したプロセスが OH&S マネジメントシステムの適用範囲内
であれば、そのプロセスを組織はマネジメントシステムの一部として管理する責
任があると述べています。外部の利害関係者から見れば外部に委託されたプロセ
スでも組織自身が実施したものとして理解されるわけですから、そのプロセスは
組織の管理下に置いて、組織が責任を負わなければなりません。

3.30 ▶ モニタリング（monitoring）

システム，プロセス（3.25）又は活動の状況を明確にすること。
注記1 状況を明確にするために，点検，監督又は注意深い観察が必
要な場合もある。
注記2 これは，ISO/IEC 専門業務用指針第 1 部の統合版 ISO 補足指
針の附属書 SL に示された ISO マネジメントシステム規格に関
する共通用語及び中核となる定義の一つである。

● 解　説 ●

"monitoring"を、附属 SL では"監視"と訳していますが、JIS Q 45001 で
はカタカナ用語の"モニタリング"を用いています。その事情は JIS の解説に
説明があります。いずれも、ISO マネジメントシステムの利用者にとって
"monitoring"という同源の用語ですから、"モニタリング"であっても"監視"

（ISO 9001 や 14001 は監視と訳す）であっても本質に違いはありません。

　モニタリングは測定と対で使用することの多い用語で、システム、プロセス又は活動の途中経過と結果の両方が対象になります。

　注記1では、組織に必要であるなら対象を絞り込んで詳細に、かつ入念にモニタリングする必要性を述べています。

　管理のサイクル（Plan → Do → Check → Act）の場合には"Check"がモニタリングに相当します。

3.31 ▶ 測定（measurement）

> 値を確定するプロセス（3.25）。
>
> 　注記　これは，ISO/IEC 専門業務用指針第1部の統合版 ISO 補足指針
> 　　　　の附属書 SL に示された ISO マネジメントシステム規格に関する
> 　　　　共通用語及び中核となる定義の一つである。

● 解　説 ●

　測定の定義に"確定"という用語が登場します。確定とは対象の姿をハッキリと明確にさせることです。

　測定の対象は、前出のパフォーマンス（いわゆる結果）だけではなく、プロセスなどの途中経過も含みます。

Column〈 **測定とは**

　JIS Z 8101-2：2「統計用語及び記号―第2部：統計の応用」の箇条 3.2.1「測定（measurement）」によると、『量の値を決定する目的をもつ一連の作業』と定義されています。量は、質量、長さ、若しくは時間のような"基本量"、又は速度（長さ／時間）のような"組立量"のどちらかで、測定は、定量に限られると説明があります。

3.32 ▶ 監査（audit）

> 　監査基準が満たされている程度を判定するために，監査証拠を収集し，それを客観的に評価するための，体系的で，独立し，文書化したプロセス（3.25）。
> 　　注記1　監査は，内部監査（第一者）又は外部監査（第二者又は第三者）のいずれでも，及び複合監査（複数の分野の組合せ）でもあり得る。
> 　　注記2　内部監査は，その組織（3.1）自体が行うか，又は組織の代理で外部関係者が行う。
> 　　注記3　"監査証拠"及び"監査基準"は，JIS Q 19011で定義されている。
> 　　注記4　これは，ISO/IEC専門業務用指針第1部の統合版ISO補足指針の附属書SLに示されたISOマネジメントシステム規格に関する共通用語及び中核となる定義の一つである。

●解　説●

　監査は注記1で示したように第一者、第二者、第三者の三種類に区分できます。いずれの監査においても、OH&Sマネジメントシステムの有効性やパフォーマンスを確認・評価するために実施します。

　監査プロセスは"文書化したプロセス"と定義されていますが、箇条9.2「内部監査」では、プロセスの文書化を要求していません（ただし、"監査プログラムの実施及び監査結果の証拠として、文書化した情報を保持する"必要があるため、実施の"記録"は必要）。

　注記1では、監査側と被監査側の関係から監査を区分しています。内部監査は「第一者監査」と呼ばれます。外部監査は「第二者監査」及び「第三者監査」があり、第二者監査は顧客などの利害関係者（又はその代理人）によって実施されます。第三者監査は独立した監査機関（規制当局又は認証機関など）によって実施されます。

　複合監査とは、品質や環境などの異なる分野に適用するマネジメントシステムをまとめて監査することを意味します。OH&Sマネジメントシステムと品質マネジメントシステムを同時に監査すれば、それが複合監査になります。

注記2では、内部監査は必ずしも組織自体で実施する必要はなく、組織の代理人によって実施しても構わないと述べています。内部監査プロセスの実施を外部のコンサルタントなどに業務委託する場合が該当します。

注記3では、監査の定義に出てくる「監査証拠」と「監査基準」はJIS Q 19011で定義されていることを示しています。JIS Q 19011から抜粋して以下に引用します。

・監査証拠（audit evidence）：監査基準に関連し、かつ、検証できる、記録、事実の記述又はその他の情報。

・監査基準（audit criteria）：監査証拠と比較する基準として用いる一連の方針、手順又は要求事項。

Column　監査の語源

監査とは "audit" を邦訳した用語です。英語の "audit" とは、ラテン語の "audire"（傾聴）を語源にしているという説があります。そのため、監査者にとって被監査者の話に耳を傾け、必要な情報を引き出すためのインタビュー能力が非常に重要であることがわかります。

3.33 ▶ 適合（conformity）

要求事項（3.8）を満たしていること。

注記　これは，ISO/IEC専門業務用指針第1部の統合版ISO補足指針の附属書SLに示されたISOマネジメントシステム規格に関する共通用語及び中核となる定義の一つである。

●解　説●

要求事項を満足していることです。要求事項（requirement）とは、"明示されている、通常暗黙のうちに了解されている又は義務として要求されている、ニーズ又は期待" と定義されています。（箇条3.8参照）

3.34 ▶ 不適合（nonconformity）

> 要求事項（3.8）を満たしていないこと。
> 　注記1　不適合は，この規格の要求事項，及び組織（3.1）が組織自体
> 　　　　のために定める追加的な労働安全衛生マネジメントシステム
> 　　　　（3.11）の要求事項に関係する。
> 　注記2　これは，ISO/IEC専門業務用指針第1部の統合版ISO補足指
> 　　　　針の附属書SLに示されたISOマネジメントシステム規格に関
> 　　　　する共通用語及び中核となる定義の一つである。注記1は，こ
> 　　　　の規格の要求事項及び組織の労働安全衛生マネジメントシステ
> 　　　　ムに関する組織自体の要求事項に対する不適合の関係を明確に
> 　　　　するために追加した。

● **解　説** ●

要求事項を満足していないことです。

注記1では、箇条3.9「法的要求事項及びその他の要求事項」で述べるように "組織が順守しなければならない又は順守することを選んだその他の要求事項" も追加的に満足できなければ不適合になると述べています。

3.35 ▶ インシデント（incident）

> 　結果として負傷及び疾病（3.18）を生じた又は生じ得た，労働に起因する
> 又は労働の過程での出来事。
> 　　注記1　負傷及び疾病が生じたインシデントを "事故（accident）" と
> 　　　　　呼ぶこともある。
> 　　注記2　負傷及び疾病は発生していないが，発生する可能性があるイ
> 　　　　　ンシデントは，"ニアミス（near-miss）"，"ヒヤリ・ハット
> 　　　　　（near-hit）" 又は "危機一髪（close call）" と呼ぶこともある。
> 　　注記3　一件のインシデントに関して一つ又は二つ以上の不適合
> 　　　　　（3.34）が存在することがあり得るが，インシデントは不適合が
> 　　　　　ない場合でも発生することがあり得る。

●解　説●

　負傷及び疾病が顕在化してもしなくても、インシデントとして扱われます。

　注記1では、負傷及び疾病が顕在化してしまったインシデントを事故（アクシデント）と呼ぶことがあると述べています。

　注記2では、負傷及び疾病が必ずしも顕在化しなくても、ニアミス、ヒヤリ・ハット、危機一髪などとしてインシデントに含まれることを示しています。

　注記3では、あるインシデントに関して不適合がない場合もあり得ますが、複数の不適合が存在することもあり得ると述べています。

3.36 ▶ 是正処置（corrective action）

> 　不適合（3.34）又はインシデント（3.35）の原因を除去し，再発を防止するための処置。
>
> 　　注記　　これは，ISO/IEC 専門業務用指針第1部の統合版 ISO 補足指針の附属書 SL に示された ISO マネジメントシステム規格に関する共通用語及び中核となる定義の一つである。この定義は，"インシデント"への言及を盛り込むために修正した。インシデントは，労働安全衛生において極めて重要な要因であるが，解決のために必要な活動は不適合の場合と同じであり，是正処置を通じて行われる。

●解　説●

　是正処置とは再発防止のために、不適合又はインシデントの原因（causes）を除去する行為です。問題の根本原因を正しく特定できなければ、本来の原因を除去することが難しくなるため再発防止が期待できなくなります（今後とも同じような不適合又はインシデントが繰り返されるため、この状態をモグラ叩きに喩（たと）えることもできます）。

　原文では、原因を"cause（s）"と複数形にもなり得るように記述していますので、複数の原因が存在することもありえることを是正処置は示唆しています。

3.37 ▶ 継続的改善 (continual improvement)

> パフォーマンス (3.27) を向上するために繰り返し行われる活動。
> 注記1　パフォーマンスの向上は，労働安全衛生方針 (3.15) 及び労働安全衛生目標 (3.17) に整合する全体的な労働安全衛生パフォーマンス (3.28) の向上を達成するために労働安全衛生マネジメントシステム (3.11) を使用することに関係している。
> 注記2　継続的 (continual) は，連続的 (continuous) を意味しないため，活動を全ての分野で同時に行う必要はない。
> 注記3　これは，ISO/IEC 専門業務用指針第1部の統合版 ISO 補足指針の附属書 SL に示された ISO マネジメントシステム規格に関する共通用語及び中核となる定義の一つである。注記1は，労働安全衛生マネジメントシステムにおける "パフォーマンス" の意味を明確にするために追加し，注記2は，"継続的" の意味を明確にするために追加した。

●解　説●

　パフォーマンス（測定可能な結果）を向上するために繰り返し行われる活動です。単なる改善の場合には，"繰り返し" が取れて『パフォーマンスを向上するための活動』(ISO 9000　箇条 3.3.1) になります。継続的改善は単発の改善活動とは異なるものであることが理解できます[*4]。

　注記1では，OH&S マネジメントシステムを使用することでパフォーマンスの向上が期待できると述べています。継続的改善は OH&S マネジメントシステムの全体的な見地から取り組む必要がありますから，ISO 45001 には継続的改善に関連した要求事項（箇条4から箇条10）があちらこちらに散在しています。

　注記2では，継続的は常時を意味しないと説明しています。参考で説明を追記しました。

[*4]：JIS Q 14001（附属書 A.3「概念の明確化」）では『"継続的"（continual）とは、一定の期間にわたって続くことを意味しているが、途中に中断が入る［中断なく続くことを意味する "連続的"（continuous）とは異なる。］。したがって、改善について言及する場合には、"継続的" という言葉を用いるのが適切である。』と述べています。

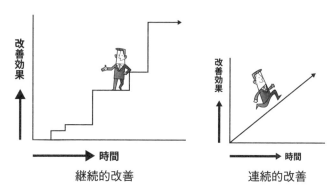

継続的改善

連続的改善

継続的と連続的の違いを再考

右図の"連続的改善"とは、中断せずリニアに改善活動を実施することです。一方で左図の"継続的改善"とは、中断やペースダウンを伴う階段状の改善です。ISO 45001では左図の継続的改善を要求しています。

Unit 4 ▶組織の状況

4 ▶ 組織の状況

4.1 ▶ 組織及びその状況の理解

> 組織は，組織の目的に関連し，かつ，その労働安全衛生マネジメントシステムの意図した成果を達成する組織の能力に影響を与える，外部及び内部の課題を決定しなければならない。

●解　説●

　箇条4から箇条10が適合性評価の際に使用される要求事項です。そのため認証審査においては、箇条4から箇条10への適合性を問われることになります。

　市場において組織は孤高の存在ではありません。そのため、外部の環境から多種多様な影響を被ることがあります。こうした外部からの影響が大小を問わず"外部の課題"になります。同様に、組織の中身は人、生産設備、組織運営の仕組みなどが混在して相互に影響を与え合っており、組織は組織内の諸事情からも内部の課題に関する影響を受けることがあります。

　ここで問題になるのは、組織の外部や内部の課題がOH&Sマネジメントシステムの意図した成果に影響を与えることがあるかどうかです。この影響が組織にとって好ましいものであれば機会になり得ますが、望ましくない影響であれば"労働安全衛生マネジメントシステムの意図した成果"を担保できなくなる恐れがあります。

　JIS Q 45001の箇条A.4.1は、外部と内部の課題[*1]にはどのようなものが存在するかについて例示していますが、その他にもいろいろと考えることができます。

　【外部の課題例】

　　たとえば、自然環境、為替レート、失業率、教育水準、公共投資、貿易協定、政治的要因、新技術、特許、職業倫理、市場シェア、新技術、競合会社、過当

---

*1："外部及び内部の課題"に関しては、JIS Q 31000（リスクマネジメント－原則及び指針）及びJIS Q 9002（品質マネジメントシステム－JIS Q 9001の適用に関する指針）も参照してみて下さい。

競争、市場状況、労働組合、作業環境、法令及び規制、請負者、下請負者、契約内容、異常気象、利害関係者の価値観など。

【内部の課題例】

たとえば、内部統制システム、組織文化、ガバナンス、組織構造、OH&S方針、OH&S目標、OH&S戦略、人的資源、働く人の力量、OH&Sマネジメントシステム、情報システム、ソフトウェア、経営モデル、組織の施設、組織の設備、組織の価値観、労働条件、インフラストラクチャ、組合との関係、工程能力、意思決定プロセス、内部利害関係者の価値観など。

なお、外部及び内部の課題に関する情報源としては、国内・海外のマスコミ

組織の状況

による報道、インターネット（ウェブサイト）、監督官庁や政府機関が発行するお知らせ、雑誌及び出版物、同業者の関連団体、労使協議会、社内の不適合情報、安全衛生委員会、利害関係者とのコミュニケーションなどからも得ることができます。

　組織及びその状況の理解に「SWOT分析」（強み、弱み、機会、脅威の分析）や「PESTLE分析」（政治動向、経済動向、社会動向、技術動向、法律規制動向、環境動向の分析）などを採用している組織もあるようですが、規格はそこまで厳密に分析することを求めていません。たとえば、組織の会議などで論議した結果でも構いませんし、上場企業であれば有価証券報告書に自社の事業リスクを掲載しているため適切なものを引用することができます[*2]。

▌4.2 ▶ 働く人及びその他の利害関係者のニーズ及び期待の理解

> 　組織は，次の事項を決定しなければならない。
> a）働く人に加えて，労働安全衛生マネジメントシステムに関連するその他の利害関係者
> b）働く人及びその他の利害関係者の，関連するニーズ及び期待（すなわち，要求事項）
> c）それらのニーズ及び期待のうち，いずれが法的要求事項及びその他の要求事項であり，又は要求事項になる可能性があるか。

●解　説●

　働く人の定義は“組織の管理下で労働する又は労働に関わる活動を行う者”（箇条3.3参照）です。トップマネジメントや管理職・非管理職も働く人に含まれることを理解しておく必要があります。組織で働く人がOH&Sマネジメントシステムに関わりがあるのは当然ですが、働く人以外の利害関係者とは誰なのか、どこの組織なのかを自社で決める必要があります。

　ニーズ及び期待には、法律など強制力のある順守事項も含みます。

　働く人だけではなく、その他の利害関係者を明確にしなければならない理由は箇条6「計画」に従い、OH&Sマネジメントシステムの計画を策定する際に、

[*2]：もしも箇条4.1が難しいと考えるのであれば、箇条4.2から先に着手する方法もありますのでお試し下さい。

箇条 4.2「働く人及びその他の利害関係者のニーズ及び期待の理解」を考慮する必要があるためです。組織がニーズ及び期待に従い順守すると決めたことは、OH&S マネジメントシステムの計画時に適用しなければなりません。

【利害関係者の一例】

働く人に加えて考慮すべき利害関係者には以下の者を含むことがありますが、これらの者に限定されるものではありません。

たとえば、顧客、消費者、株主、銀行、規制当局、親会社、供給者、下請負契約者、労働組合、得意先、来訪者、近隣住民、近隣住民組織（町内会）、一般市民、地域サービス、マスメディア、学術界、商業団体、非政府機関、非営利組織、競合会社、労働安全衛生専門家、フランチャイザー、職能団体、事業者団体、地域団体、労働安全衛生機関など。

4.3 ▶ 労働安全衛生マネジメントシステムの適用範囲の決定

組織は，労働安全衛生マネジメントシステムの適用範囲を定めるために，その境界及び適用可能性を決定しなければならない。

この適用範囲を決定するとき，組織は，次の事項を行わなければならない。

a）4.1 に規定する外部及び内部の課題を考慮する。

b）4.2 に規定する要求事項を考慮に入れる。

c）労働に関連する，計画又は実行した活動を考慮に入れる。

労働安全衛生マネジメントシステムは，組織の管理下又は影響下にあり，組織の労働安全衛生パフォーマンスに影響を与え得る活動，製品及びサービスを含んでいなければならない。

労働安全衛生マネジメントシステムの適用範囲は，文書化した情報として利用可能な状態にしておかなければならない。

● 解　説 ●

組織が定める OH&S マネジメントシステムの適用範囲とは、ISO 45001 の認証範囲ではなく、あくまでも組織の OH&S 活動をマネジメントする物理的な境界と仕事の範囲になります。したがって、箇条 4.3 の適用範囲は認証機関の審査対象範囲よりも、一般的にはより広範囲になります。

適用範囲は組織で決めることができますが、法的要求事項やその他の要求事項

から逃れるために意図的に適用範囲を狭めたり、要求事項を組織に都合よく歪曲することは利害関係者に誤解を与えるだけではなく、OH&Sマネジメントシステムの意図した成果を達成することが困難になることも考えられるため、厳に慎まなければなりません。ただしアウトソーシングの対象を除き、自社にない活動やプロセスを適用範囲に含める必要はありません[*3]。

　適用範囲を決める場合には、a）からc）を考慮します。

　a）では、箇条4.1「組織及びその状況の理解」で組織が定めた課題を考慮することです。課題の重要度や優先度によってはOH&Sマネジメントシステムの適用範囲を変えなければならないかもしれないからです。

　b）では、箇条4.2「働く人及びその他の利害関係者のニーズ及び期待の理解」で得られた情報から組織が順守しなければならないと判断したことを、OH&Sマネジメントシステムの適用範囲を決める場合に考慮しなければなりません。

　c）では、組織が日常的に実施している労働に関する計画や実行している活動などの実態を、OH&Sマネジメントシステムの適用範囲を決める場合に考慮しなければなりません。組織の実態や実情をOH&Sマネジメントシステムに反映しておかないと、システムと業務実態が乖離（かいり）してしまい、最悪の場合には組織に二重のシステムを設けてしまうことになるためです。

　組織が決めた、OH&Sマネジメントシステムの適用範囲は、文書化した情報として利用可能な状態にしておかなければなりません。文書化した情報は箇条3.24（文書化した情報）で定義されているように、紙媒体に限らず電子媒体などを使用することもできますが、箇条4.3で決定した適用範囲は、いつでも文書化した情報として利用できるようにしておく必要があります。

▍4.4 ▶ 労働安全衛生マネジメントシステム

> 　組織は，この規格の要求事項に従って，必要なプロセス及びそれらの相互作用を含む，労働安全衛生マネジメントシステムを確立し，実施し，維持し，かつ，継続的に改善しなければならない。

[*3]：OH&Sマネジメントシステムの適用範囲を決定する場合には、働く人たちのたとえば"出張"や"在宅ワーク"などへの配慮も必要になることがあります。こうした場合も管理の手が及ぶ範囲で組織の適用範囲の要否を決定することになります。

●解　説●

　箇条 3.11「労働安全衛生マネジメントシステム（OH&S マネジメントシステム）」とは "労働安全衛生方針を達成するために使用されるマネジメントシステム又はマネジメントシステムの一部" です。

　注記 1 で "労働安全衛生マネジメントシステムの意図した成果は、働く人の負傷及び疾病を防止すること、並びに安全で健康的な職場を提供することである" と述べています。

　箇条 3.10「マネジメントシステム」とは "方針、目標及びその目標を達成するためのプロセスを確立するための、相互に関連する又は相互に作用する、組織の一連の要素" です。

　箇条 3.25「プロセス」とは "インプットをアウトプットに変換する、相互に関連する又は相互に作用する一連の活動" です。

　以上から、本箇条が意図していることは、"OH&S 方針を達成するために使用するマネジメントシステムの全部もしくは一部が OH&S マネジメントシステムで、OH&S マネジメントシステムはインプットをアウトプットに変換する、相互に関連する又は相互に作用する一連の活動から成り立ち、このシステムを用いることにより、働く人の負傷及び疾病を防止すること、並びに安全で健康的な職場を提供することができるようになります" と意訳することができます。

　注目すべきは、システムを構成するプロセスです。プロセスとは何かについての理解が不足していると、マネジメントシステムが完成したイメージも形象も萎えてしまいます。

　ISO マネジメントシステム規格は、プロセスに Plan → Do → Check → Act（PDCA サイクル）を組み込んだプロセスアプローチを採用しています。プロセスに PDCA サイクルを組み込むことで、プロセスを計画し、実施し、確認し、見直すサイクルを回しながらプロセスを改善できるためです。

　プロセスの PDCA サイクルでは、とくに "Plan" の内容に注目します。"Plan" とは文字どおり計画することですが、多くの組織では計画の概念を決めるだけにとどまっているのが実情です。ISO 的な "Plan" とは、計画を設計し、実行可能な状態にまで設え整えることで、次段の "Do" で速やかに実行できるようにしておくことです（箇条 0.4「Plan-Do-Check-Act サイクル」参照）。

　ISO のマネジメントシステムに長けた組織はプロセスアプローチを積極的に採用しています。そのような組織は、プロセスを吟味し、定義し、選択してプロ

セス群によりOH&Sマネジメントシステムを作成しています。

　また、マネジメントシステムはプロセスの集合体であるため、マネジメントシステムのパフォーマンスは個々のプロセスの優劣だけではなく、その組み合わせ方からも大きく影響を受けることがあります。そのためプロジェクトマネジメントシステム全体の有効性や効率を改善するためには、プロセスの最適な組合せ方についても慎重に決める必要があります。

　優れたマネジメントシステムからは組織の戦略が透けて見えます。顧客が組織のOH&S活動に全幅の信頼を寄せる背景には、組織のOH&SマネジメントシステムとそのプロセスからOH&S戦略が見えるためです。マネジメントシステムを構成するプロセスは組織にとって貴重な財産なのです[4]。

プロセスアプローチ
組織は個々のプロセスについて"インプット"及び"アウトプット"を明確にするため、プロセスの内容を精査して定義することが望まれます。

---

[4]：ISO/TC 176/SC 2/N544R3「マネジメントシステムのためのプロセスアプローチの概念及び利用に関する手引」参照。

Unit 5 ▶ リーダーシップ及び働く人の参加

5 ▶ リーダーシップ及び働く人の参加

5.1 ▶ リーダーシップ及びコミットメント

> トップマネジメントは，次に示す事項によって，労働安全衛生マネジメントシステムに関するリーダーシップ及びコミットメントを実証しなければならない。
>
> a）労働に関係する負傷及び疾病を防止すること，及び安全で健康的な職場と活動を提供することに対する全体的な責任及び説明責任を負う。
>
> b）労働安全衛生方針及び関連する労働安全衛生目標を確立し，それらが組織の戦略的な方向性と両立することを確実にする。
>
> c）組織の事業プロセスへの労働安全衛生マネジメントシステム要求事項の統合を確実にする。
>
> d）労働安全衛生マネジメントシステムの確立，実施，維持及び改善に必要な資源が利用可能であることを確実にする。
>
> e）有効な労働安全衛生マネジメント及び労働安全衛生マネジメントシステム要求事項への適合の重要性を伝達する。
>
> f）労働安全衛生マネジメントシステムがその意図した成果を達成することを確実にする。
>
> g）労働安全衛生マネジメントシステムの有効性に寄与するよう人々を指揮し，支援する。
>
> h）継続的改善を確実にし，推進する。
>
> i）その他の関連する管理層がその責任の領域においてリーダーシップを実証するよう，管理層の役割を支援する。
>
> j）労働安全衛生マネジメントシステムの意図した成果を支援する文化を組織内で形成し，主導し，かつ，推進する。
>
> k）働く人がインシデント，危険源，リスク及び機会の報告をするときに報復から擁護する。

l) 組織が働く人の協議及び参加のプロセスを確立し，実施することを確実にする（5.4 参照）。

m) 安全衛生に関する委員会の設置及び委員会が機能することを支援する〔5.4 e）1）参照〕。

　　注記　この規格で“事業”という場合は，組織の存在の目的の中核となる活動という広義の意味で解釈され得る。

●解　説●

　組織の OH&S マネジメントシステムの仕上がりが素晴らしいものであっても、トップマネジメントが雲上の人で、マネジメントシステムへの関わりが薄い組織では、ISO 45001 が期待する効果を組織が享受することが難しくなることがあります。そのため、組織のトップマネジメントは事業プロセスと同様に OH&S 活動と OH&S マネジメントシステムにも積極的に関わらなければなりません。

　とくに箇条5.1ではトップマネジメントに向けてリーダーシップとコミットメントを発揮するように要求事項の中で強く求めています。

　ISO 45001 におけるトップマネジメントとは、OH&S マネジメントシステムの適用範囲や組織構造の違いから、最高経営責任者（CEO）、代表取締役、工場長、支配人、事業部長、機関としての取締役会、上級執行役員など、いくつもの形態が考えられますので、自分たちの組織では OH&S マネジメントシステム上の合理的なトップマネジメントは誰なのかを決める必要があります。会社の機構や業種・業態・規模などを考慮せずにトップマネジメントはイコール“社長”であると短絡的に決めつけないことが重要です。

　トップマネジメントの役割には、責任をもって自ら役割を実施しなければならない事項と、トップマネジメントが権限を委譲した者に役割を任せることができる事項の二種類があります。しかしいずれの場合でも、トップマネジメントは OH&S マネジメントシステムに関するすべての事項に関してリーダーシップとコミットメントを実証する責任が伴います。

　箇条5.1では、a）から m）まで 13 項目が規定されています。その中にはトップマネジメントが実施すべき事項と、委譲してもかまわない事項が混在しているため、理解しやすいように組織で整理するとよいでしょう。

　たとえば、a）、e）、g）、h）、i）、j）、k）、m）の 8 項目は、トップマ

ネジメントが自ら責任をもって実施すべき事項です。そのため、トップマネジメントはその役割を誰かに委譲することはできません。

一方で、b）、c）、d）、f）、l）の5項目は"確実にすればよい"ことなので、トップマネジメントは結果責任（accountability）を負うことができれば、権限を委譲した者に任せることが可能です（p.126 Column 参照）。

a）働く人に対して『労働に関係する負傷及び疾病を防止すること、及び安全で健康的な職場と活動を提供すること』がトップマネジメントの全体責任であると述べています。この意味は、OH&S マネジメントシステムにおける"意図した成果"と同意語です。

b）組織の経営戦略が向かう方向と、OH&S 方針及び OH&S 目標が同じ方向を向き、相反する存在にならないことを要求しています。OH&S 方針と OH&S 目標を組織内に確立させる責任を含みます。

c）OH&S マネジメントシステムの要求事項を組織の事業プロセスに統合させることを要求しています。組織の OH&S マネジメントシステムと事業プロセスの相互の考え方に矛盾のないことが必要です。

組織の"事業プロセス"とは、組織が存在するための根拠になる活動で"組織の本業"と理解することができます。組織の本業は一般に、それが営利組織であっても非営利組織であっても、定款の中で規定されるものですから、OH&S マネジメントシステムを設計する場合には定款の内容を事前に確認しておくことが必要です。

ここで規格が求めているのは、本業の仕組みと OH&S マネジメントシステムの仕組みが別々に存在し、結果として組織内に二重の仕組ができてしまうといった状況を戒めていることです。

すでに事業プロセスが品質マネジメントシステムや環境マネジメントシステムと統合済みの組織では、新たに設ける OH&S マネジメントシステムにおいても、事業プロセスとの統合が期待できるため、OH&S マネジメントシステムとその他のマネジメントシステムとの統合も容易になるものと考えられます[1]。

d）組織が OH&S マネジメントシステムを確立し、実施し、維持し、改善するために必要となる経営資源を利用できるようにすることを要求しています[2]。

---

[1]：複数の ISO マネジメントシステムとの統合化のために、附属書 SL の知見が有用になります。
[2]：確立は "establish" で、その意味には計画や設計の概念が含まれます。実施とは "implement" で、前段で計画したとおりに実行することです。維持とは "maintain" で継続できる状態を保つためにメンテナンスすることです。改善とは "improve" でより価値を高めることです。

OH&S マネジメントシステムの確立、実施、維持及び改善が支障なく実施できるためには過不足のない経営資源が必要です。この経営資源とは、資金だけではなく、力量のある人、設備や道具などの有用なインフラストラクチャ、活動の場所や環境、組織が保有する独自の教訓やノウハウ、特許などの知的財産なども該当します。

　OH&S マネジメントシステムを確立する際に、自分たちが保有している（固定資産台帳などでは表せない）経営資源を今一度棚卸しをすることも考えられます。ここで重要なことは、OH&S マネジメントシステムのプロセスが円滑に廻せるように必要な時に必要な場所で経営資源が確保できるようにすることです。

e ）OH&S マネジメントシステムには組織が順守しなければならないいくつもの要求事項が含まれています。組織の OH&S 活動がこうした順守事項と矛盾しないことが重要であることを働く人に理解させなければなりません。ここで"伝達"の原文は"communicat(ing)"です。一方的な上意下達ではなく"情報交換"に近い活動であると理解できれば意図していることがわかりやすくなります。

f ）"その意図した成果"とは、箇条 1「適用範囲」で示された以下の事項です。

①　OH&S パフォーマンスの継続的な改善
②　法的要求事項及びその他の要求事項を満たすこと
③　OH&S 目標の達成

　そのため、組織の OH&S マネジメントシステムを実行した結果、少なくとも上記の三項目が達成できるようにします。

　"OH&S パフォーマンス"とは箇条 3.28 で定義されているように ISO 45001 が独自に定義した用語で"働く人の負傷及び疾病の防止の有効性、並びに安全で健康的な職場の提供に関わるパフォーマンス"です。箇条 3.27"パフォーマンス"の定義"測定可能な結果"とは意味が異なります。

g ）"有効性"の定義は箇条 3.13「計画した活動を実行し、計画した結果を達成した程度」です。働く人が OH&S マネジメントシステムに従い計画したことを実行し、計画の段階で意図していた結果を達成できるように指揮し、支援しなければなりません。

　有効性を実現するためには、資源の確保、適切なモニタリング、是正処置の実施など、OH&S マネジメントシステムが要求している様々なプロセスを確

実に実施することが必要になります。

h）"継続的改善"の定義は箇条3.37「パフォーマンスを向上するために繰り返し行われる活動」です。そのため、OH&Sマネジメントシステムの測定可能な結果（パフォーマンス）を向上させるために、改善活動を繰り返し実行する必要があります。

i）トップマネジメント以外の経営陣（主に取締役会の構成員）、上級幹部（主に執行役員や部門長など）、管理職（主に課長や幹部など）が、各々の果たすべき責任範囲においてリーダーシップを発揮できるようにトップマネジメントは彼らの業務を支援しなければなりません。支援とは一方的に"ガンバレ"と檄を飛ばすことではなく、物理的な援助を差しのべることを含みます。

j）OH&S活動にかぎらず、マネジメントシステムを組織内部に根付かせるためには、組織の文化が大きな影響を及ぼします。トップマネジメントは、OH&Sマネジメントシステムの"意図した成果"（前出）の重要な基盤になり得る組織文化を確立させて、自らが主体的に組織をマネジメントしなければなりません[*3]。

k）安全衛生パトロールや内部監査などで検出したファインディング（調査結果）には是正すべきインシデントなどが含まれることがあります。指摘を受けた側の被監査部門によっては、是正処置の要求に対して反目することがあります。こうした感情的行為は時としてOH&Sマネジメントシステムの妨げになることがあります。

　いかなる場合にも、働く人がインシデント、危険源、リスク及び機会を報告した場合には、報告した人が誰からも報復されることのないように、トップマネジメントは社内の環境を整備しなければなりません。ネガティブな報告や通報であっても良い行いと同様に歓迎してもらえるような組織文化を熟成する必要があります。

l）"協議"と"参加"はOH&Sマネジメントシステムにおいて重要なキーワードです。"協議"とは"意思決定をする前に意見を求めること"（箇条3.5）で、参加とは"意思決定への関与"（箇条3.4）と定義されています。この箇条では、"OH&Sマネジメント活動に関する意思決定を下す前に働く人が意見を述べる機会と、働く人が意思決定に関与できるような仕組を設けて実行できること

[*3]：ISO 45001にとって"組織の文化"は重要ですが、"文化"という用語は定義されていません（箇条A.5.1「リーダーシップ及びコミットメント」を参照）。

を欠かさないこと”を意味しています。

m）安全衛生委員会を設置し、委員会が本来の役割を果たせるようにトップマネジメントは支援しなければなりません[*4]。

トップマネジメントの役割
箇条5.1「リーダーシップ及びコミットメント」のa）～m）の中で、トップマネジメントが自ら実施しなければならない事項が、a）、e）、g）、h）、i）、j）、k）、m）です。トップマネジメントが自ら実施しなければならない事項に関しては他人任せにできません。

Column ▷ **リーダーシップとコミットメントに関する補足事項**

1. ISO 14001（附属書A.3「概念の明確化」）には、『"確実にする"及び"確保する"（ensure）という言葉は、責任を委譲することができるが、説明責任については委譲できないことを意味する。』との説明がありますので参考にしてください。

2. 労働安全衛生法に基づき実施する安全衛生委員会（もしくは、安全委員会や衛生委員会）では、委員の構成メンバー、調査審議事項、開催頻度などが法で決められているため、組織の実情によってはOH&Sマネジメントシステムを設ける場合に考慮する必要があります。

3. m）の注記には『この規格で"事業"という場合は、組織の存在の目的の中核となる活動という広義の意味で解釈され得る』とあります。ISO 45001を含む、附属書SLから派生したISO規格では、"事業"を組織の中核的事業という広い

[*4]："安全委員会"や"衛生委員会"を単独で開催している組織では、委員会の適用範囲を拡大し"安全衛生委員会"に発展統合することも考えられます。

意味で述べています。

　参考までに、ISO 9001 ではもう少し詳しく『この規格で"事業"という場合、それは、組織が公的か私的か、営利か非営利かを問わず、組織の存在の目的の中核となる活動という広義の意味で解釈され得る』と説明しています。

▌5.2 ▶ 労働安全衛生方針

　トップマネジメントは，次の事項を満たす労働安全衛生方針を確立し，実施し，維持しなければならない。

ａ）労働に関係する負傷及び疾病を防止するために，安全で健康的な労働条件を提供するコミットメントを含み，組織の目的，規模及び状況に対して，また，労働安全衛生リスク及び労働安全衛生機会の固有の性質に対して適切である。

ｂ）労働安全衛生目標の設定のための枠組みを示す。

ｃ）法的要求事項及びその他の要求事項を満たすことへのコミットメントを含む。

ｄ）危険源を除去し，労働安全衛生リスクを低減するコミットメントを含む（8.1.2 参照）。

ｅ）労働安全衛生マネジメントシステムの継続的改善へのコミットメントを含む。

ｆ）働く人及び働く人の代表（いる場合）の協議及び参加へのコミットメントを含む。

　労働安全衛生方針は，次に示す事項を満たさなければならない。

－　文書化した情報として利用可能である。

－　組織内に伝達される。

－　必要に応じて，利害関係者が入手可能である。

－　妥当かつ適切である。

●解　説●

　OH&S 方針とは箇条 3.15「労働安全衛生方針／OH&S 方針」が定義するように『働く人の労働に関係する負傷及び疾病を防止し、安全で健康的な職場を提供

するための方針』のことです。OH&S マネジメントシステムに取り組む組織の経営姿勢を現したものだといえます。

　組織は OH&S 方針を確立し、実施し、維持しなければなりません。箇条 5.1 の解説でも触れたとおり、確立とは "establish" を用いていますが、その意味には計画や設計の概念が含まれます。実施とは "implement" で計画したとおり実行することです。維持とは "maintain" で継続できる状態を保つためにメンテナンスすることです。

a）方針には、OH&S を確保するために、働く人が必要とする安全で健康的な労働条件を提供するとのコミットメントを含みます。OH&S 方針は、組織に適したもので、組織における OH&S リスク及び OH&S 機会の考え方に反しないものであることが必要です。

b）OH&S 方針の内容とは、OH&S 目標を作成するためのフレームであることが求められており、その方針が目標の "枠組み" になります。そのため組織の働く人が OH&S 方針を見て、どのような OH&S 目標を設定すればよいのか理解できることが必要です。

　OH&S 目標は、可能であれば測定できるものであるか、又はパフォーマンス評価（測定可能な結果の評価のこと）を実施できなければなりません。したがって、OH&S 方針で示す理念はアバウトで漠然としたものではなく、測定可能な目標に直結した内容であることが組織にとってわかりやすいものになります。

c）組織が、法令・規制要求事項及びその他の要求事項など、適用される要求事項を順守することに関するコミットメントが必要です。"その他の要求事項" には、箇条 4.2「働く人及びその他の利害関係者のニーズ及び期待の理解」で示す、利害関係者のニーズ及び期待を含むことがあります。

d）"危険源"（hazard）とは、"負傷及び疾病を引き起こす潜在的根源"（箇条 3.19 参照）と定義されています。OH&S 方針における危険源の除去とは、効果的な予防保護処置をとることを示唆しています。

　OH&S リスクとは、"労働に関係する危険な事象又はばく露の起こりやすさと、その事象又はばく露によって生じ得る負傷及び疾病の重大性との組合せ"（箇条 3.21 参照）と定義されています。OH&S リスクの低減に関する組織のコミットメントも重要です。

e）OH&S マネジメントシステムの継続的改善に関してコミットメントします。

継続的改善は、"パフォーマンスを向上するために繰り返し行われる活動"（箇条3.37参照）と定義されています。継続的改善はISOマネジメントシステム独自の理解と考え方が定義されているので、箇条10.3「継続的改善」を再確認するとよいでしょう。

ｆ）働く人及び働く人の代表が、意見を述べる機会（協議）と、意思決定に関与できること（参加）をコミットメントします。働く人の代表とは一般に労働組合の組合委員長などを指します。

OH&S方針は、以下に示す事項を満足する必要があります。

－　OH&S方針は、文書化した情報として利用可能でなければなりません。文書化した情報には文書と記録の両者が存在しますが（詳細は箇条7.5「文書化した情報」を参照）、本項の意図は"文書"として維持することを要求しています。

－　組織内に伝達されるとは、組織内の働く人に労働安全衛生方針を理解させることです。厳密に言うと、働く人には納入業者や宅配便など外来者も含まれますが、彼らに組織のOH&S方針を周知することは現実的とはいえませんので、対象範囲を"組織内"と限定しています。

　　OH&S方針を伝達し、理解してもらう方法としては、教育訓練、方針を記述したカードなどの携帯、社内の掲示、電子掲示板、安全衛生決起大会に於ける呼称など、組織の実態に即した方法を採用することが肝要です。

－　必要に応じて利害関係者が入手可能とは、組織の労働安全衛生方針を利害関係者が必要に応じて入手できるようにすることです。方針をウェブサイトに掲示したり、方針を電子ファイルとしてダウンロードできるようにすることなどが考えられます。

－　妥当であり適切であるとは、組織の実態と実情にOH&S方針が即していることを意味します。見栄えを気にして、組織の実力に見合わない難解な内容にすることは考えものです。組織の実情を十分考慮しながら実際的な内容にすることが望まれます。

OH&S 方針

OH&S 働安全衛生方針は、トップマネジメントにより決定します。方針で明文化すべき事項は箇条5.2で示されています。

5.3 ▶ 組織の役割、責任及び権限

トップマネジメントは，労働安全衛生マネジメントシステムの中の関連する役割に対して，責任及び権限が，組織内に全ての階層で割り当てられ，伝達され，文書化した情報として維持されることを確実にしなければならない。組織の各階層で働く人は，各自が管理する労働安全衛生マネジメントシステムの側面について責任を負わなければならない。

　　注記　責任及び権限は割り当てし得るが，最終的には，トップマネジメントは労働安全衛生マネジメントシステムの機能に対して説明責任をもつ。

トップマネジメントは，次の事項に対して，責任及び権限を割り当てなければならない。

a）労働安全衛生マネジメントシステムが，この規格の要求事項に適合することを確実にする。

b）労働安全衛生マネジメントシステムのパフォーマンスをトップマネジメントに報告する。

●解　説●

OH&S マネジメントシステムに関わるすべての役割には"責任及び権限"が必要です。なぜなら責任及び権限が付与されていなければ、働く人はその役割を遂行することが難しくなるためです。トップマネジメントは OH&S マネジメントシステムの役割に関する責任及び権限を明らかにし、伝達し、働く人がそれぞれの役割、責任及び権限が理解できるようにしなければなりません。

トップマネジメントは、OH&S マネジメントシステムに関わる範囲で、組織の全部門に所属する働く人に責任及び権限を割り当て、その責任及び権限を理解できるように伝達し、その責任及び権限を文書化して管理しなければなりません。

組織の各階層（at each level of the organization）で働く人は、自らの役割の範囲内において OH&S マネジメントシステムの側面（aspects）に関し、自分と他者に与える影響についても責任があります[*5]。

トップマネジメントは、以下のa）とb）に対して責任及び権限を割り当てなければなりません。

a）OH&S マネジメントシステムが、ISO 45001 の要求事項に適合することを確実にする責任及び権限[*6]。

b）OH&S マネジメントシステムのパフォーマンス（測定可能な結果）をトップマネジメントに報告する責任と権限。

Column　役割の割り振りについて

　附属書 A.5.3「組織の役割、責任及び権限」は"（箇条）5.3 で特定した役割及び責任は、個人に割り当てても、複数の人々で分担しても、又はトップマネジメントのメンバーに割り当ててもよい"と説明しています。ちなみに複数の人々とは、部署、機関、チームなどを対象とし、"トップマネジメントのメンバー"とは社長以外の経営陣、取締役会、もしくは取締役会の構成員などが考えられます。

　トップマネジメントが割り当てた、役割、責任及び権限を文書化して伝達するた

---

*5：トップマネジメントは組織の働く人に責任及び権限を割り当てる必要があり、OH&S マネジメントシステムの機能（functioning の意味で、この場合には OH&S マネジメントシステムの意図した成果の達成、効果、実行など）に最終的な責任が伴います。

*6：実務的にトップマネジメントの業務を代行していた管理責任者（Management representative）の任命は必須事項ではありません。

めには、たとえば、職務権限規定、分課分掌規程、役割分担表、職務記述書、職務命令書、組織体制図などが考えられますが、組織の実情に合わせたものを作成することが必要になるでしょう。作成する場合には組織の本業である事業プロセスとの関連性をとくに意識する必要があります。

5.4 ▶ 働く人の協議及び参加

組織は，労働安全衛生マネジメントシステムの開発，計画，実施，パフォーマンス評価及び改善のための処置について，適用可能な全ての階層及び部門の働く人及び働く人の代表（いる場合）との協議及び参加のためのプロセスを確立し，実施し，かつ，維持しなければならない。

組織は，次の事項を行わなければならない。

a）協議及び参加のための仕組み，時間，教育訓練及び資源を提供する。

　注記1　働く人の代表制は，協議及び参加の仕組みになり得る。

b）労働安全衛生マネジメントシステムに関する明確で理解しやすい，関連情報を適宜利用できるようにする。

c）参加の障害又は障壁を決定して取り除き，取り除けない障害又は障壁を最小化する。

　注記2　障害及び障壁には，働く人の意見又は提案への対応の不備，言語又は識字能力の障壁，報復又は報復の脅し，及び働く人の参加の妨げ又は不利になるような施策又は慣行が含まれ得る。

d）次の事項に対する非管理職との協議に重点を置く。

　1）利害関係者のニーズ及び期待を決定すること（4.2参照）。

　2）労働安全衛生方針を確立すること（5.2参照）。

　3）該当する場合は，組織上の役割，責任及び権限を，必ず，割り当てること（5.3参照）。

　4）法的要求事項及びその他の要求事項を満足する方法を決定すること（6.1.3参照）。

　5）労働安全衛生目標を確立し，かつ，その達成を計画すること（6.2参照）。

　6）外部委託，調達及び請負者に適用する管理を決定すること（8.1.4参

照）。

7）モニタリング，測定及び評価を要する対象を決定すること（9.1 参照）。

8）監査プログラムを計画し，確立し，実施し，かつ，維持すること（9.2.2 参照）。

9）継続的改善を確実にすること（10.3 参照）。

e）次の事項に対する非管理職の参加に重点を置く。

1）非管理職の協議及び参加のための仕組みを決定すること。

2）危険源の特定並びにリスク及び機会の評価をすること（6.1.1 及び 6.1.2 参照）。

3）危険源を除去し労働安全衛生リスクを低減するための取組みを決定すること（6.1.4 参照）。

4）力量の要求事項，教育訓練のニーズ及び教育訓練を決定し，教育訓練の評価をすること（7.2 参照）。

5）コミュニケーションの必要がある情報及び方法の決定をすること（7.4 参照）。

6）管理方法及びそれらの効果的な実施及び活用を決定すること（8.1, 8.1.3 及び 8.2 参照）。

7）インシデント及び不適合を調査し，是正処置を決定すること（10.2 参照）。

注記3　非管理職への協議及び参加に重点を置く意図は，労働活動を実施する人を関与させることであって，例えば，労働活動又は組織の他の要因で影響を受ける管理職の関与を除くことは意図していない。

注記4　働く人に教育訓練を無償提供すること，可能な場合，就労時間内で教育訓練を提供することは，働く人の参加への大きな障害を除き得ることが認識されている。

● 解　説 ●

　箇条 5.4 の「働く人の協議及び参加」は、附属書 SL にはない ISO 45001 独自の要求事項です（そのため ISO 9001 及び ISO 14001 に本箇条は存在しません）。

　この箇条のコンセプトには、OH&S マネジメントシステムとその運営に関し、労使が協力し合うことで組織の OH&S マネジメントシステムの本来の目的が達

成できるという考え方が背景にあります。したがって、労使の間を取り持つ役割を担う立場として“働く人の代表”が存在すると考えることもできます。

　ここで、もう一度用語の定義を確認してみます。協議とは“意思決定の前に意見を求めること”で、参加は“意思決定に関与させること”です。先記のとおり、手続きとしては、働く人たちから意見を求めてから意思決定に参加してもらうため【協議→参加】という手順が自然な流れになります。

　先に登場した箇条4.4「労働安全衛生マネジメントシステム」の要求事項は“労働安全衛生マネジメントシステムを確立し、実施し、維持し、かつ、継続的に改善しなければならない”とありますが、本箇条では“労働安全衛生マネジメントシステムの開発、計画、実施、パフォーマンス評価及び改善のための処置について”になります。

　両者を比較すると“開発”や“パフォーマンス評価”などが増えていることからも、箇条5.4ではOH&Sマネジメントシステムを運営するために働く人への協議及び参加を得ること、すなわち意思決定への関与をより強く求めているとも考えられます。

a）組織は、働く人が協議及び参加できるように、そのための仕組みを設け、必要な時間、必要な教育訓練、そしてコストや設備などの必要な経営資源を用意しなければなりません。

　　注記1では、労働組合など働く人の代表制は、協議及び参加の仕組みになり得ると補足説明していますが、労働組合の制度が仕組みだとは断言してはいませんので、短絡的に決めつけず、組織の実情を考慮します。労働組合には使用者側との間で取り決めがあるはずなので、箇条5.4の主旨に沿うかどうかを確認することが望ましいでしょう。

b）OH&Sマネジメントシステムの関連情報とは何を意味するのでしょうか。たとえば、労働安全衛生法、組織が設けたOH&Sマネジメントシステムの規定類、OH&Sマネジメントシステムが必要とする文書及び記録、マネジメントレビューなどOH&Sマネジメントシステムのアウトプット、組織の災害情報など多岐にわたると考えられますが、組織の多くではこうした情報を働く人が必要な時に閲覧又は利用できるような制度を設けています。

　　気を付けたいのは、働く人の中に日本語があまり堪能ではない人が含まれる場合には、彼らに対する配慮が必要になるということです。こうした場合には、日本語以外の公用語を組織が使用できるようにすることなどを考えてみる必要

があるでしょう。

c）組織は、働く人が参加できるように障害又は障壁を取り除くか、最小化するように配慮しなければなりません。

注記2では、働く人が意見又は提案したことを組織が真摯に受け止め適切な対応を図ること、働く人の中にコミュニケーションするための会話力や識字能力が不十分な場合への適切な対応、働く人が意見又は提案した結果として理不尽な懲戒処分やその他の報復行為にならないような具体的方法や発言しやすい組織文化を整える必要があることを述べています。こうした問題に対処するため、公益通報者に対する保護制度や顧問弁護士に直通のセイフティーネットなどを設けている組織も散見できます。

d）非管理職との協議を必要とする事項。

1）OH&Sマネジメントシステムに関係した組織の利害関係者のニーズ及び期待を決めるために、組織は非管理者からも意見を聴取しなければなりません。利害関係者のニーズと期待には、組織として必ず順守しなければならない法的要求事項を含むことがあります（箇条4.2参照）。

2）OH&S方針を組織が決める場合には非管理職から意見を聴取する必要があります。一般に組織の方針とは、それが労働安全衛生に限らず品質や環境であっても、トップマネジメントがトップダウンで一方的に決定してしまう傾向にありますが、この規格では非管理職との協議により決定することが求められています（箇条5.2参照）。

3）もしも該当する場合には、OH&Sマネジメントシステムに関する組織上の役割と、責任及び権限を、働く人（非管理職）に必ず割り当てなければなりません（箇条5.3「組織の役割、責任及び権限」参照）。

4）OH&Sマネジメントシステムに関わる法的要求事項と、組織が決めたその他の要求事項を満足する方法を決定しなければなりません。その他の要求事項とは利害関係者のニーズ及び期待（箇条4.2「働く人及びその他の利害関係者のニーズ及び期待の理解」参照）に含まれていることもあります（箇条6.1.3「法的要求事項及びその他の要求事項の決定」参照）。

5）目標は、OH&Sマネジメントシステムの意図した成果を達成するために必要なものです。組織はOH&Sパフォーマンスを維持し、向上するために目標を確立します。組織が設けたOH&S目標を口先だけのお題目にさせないために、組織は目標を実現するための方策を計画しなければなりません

（箇条 6.2「労働安全衛生目標及びそれを達成するための計画策定」参照）。

6）組織は、外部委託、調達及び請負者に適用する労働安全衛生に関わる管理方法を決めなければなりません。たとえば、製品又はサービスを調達するプロセスでは、調達する製品又はサービスに附帯する危険源を洗い出し、危険の程度や発生確率などを評価し、必要な場合には危険源を除去しなければなりません。また、たとえば組織は請負者が危険に遭遇することのないような労働安全衛生上の調整又は管理を実施する必要があるでしょう（箇条 8.1.4「調達」参照）。

7）組織は、モニタリング、測定及び評価を必要とする対象を決めなければなりません。対象とは、たとえば OH&S 活動に関わる法的要求事項及びその他の要求事項の順守状況や、OH&S 目標の達成の程度などを挙げることができます（箇条 9.1「パフォーマンス評価」参照）。

8）OH&S マネジメントシステムに従い、組織を内部監査するための方法や時期など内部監査プロセスを計画し、規定し、実施し、なおかつ文書化して維持しなければなりません（箇条 9.2.2「内部監査プログラム」参照）。

9）組織は継続的改善を確実に行わなければなりません。継続的改善の定義は箇条 3.37 で、継続的改善に関する要求事項は箇条 10.3「継続的改善」に説明があります。

e）非管理職の参加を必要とする事項。

1）組織は、非管理職との協議及び参加に必要なルールと仕組みを設けなければなりません。

2）危険源を特定し、特定した危険源のリスク及び機会を評価しなければなりません（箇条 6.1.1「（リスク及び機会への取組み）一般」及び箇条 6.1.2「危険源の特定並びにリスク及び機会の評価」参照）。

3）（組織が決定した）危険源を除去し、労働安全衛生リスクを低減するための方策を決めます（箇条 6.1.4「取組みの計画策定」参照）。

4）働く人に必要な力量（組織が必要とする力量だけではなく、法的要求事項を満たすための資格を含む）、教育訓練のニーズ及び教育訓練を決めて、実施した教育訓練の評価を実施します（箇条 7.2「力量」参照）。

5）組織と働く人の双方向によるコミュニケーションの必要がある情報及びそのコミュニケーションの方法を決めます（箇条 7.4「コミュニケーション」）。

6）OH&S マネジメントシステムのプロセスを管理する方法と、OH&S マネジメントシステムの効果的な実施及び活用方法について決めます（箇条 8.1「運用の計画及び管理」、箇条 8.1.3「変更の管理」及び箇条 8.2「緊急事態への準備及び対応」参照）。

7）インシデント（結果として負傷及び疾病を生じた又は生じ得た、労働に起因する又は労働の過程での出来事）及び不適合（要求事項を満たしていないこと）を調査し、是正処置（不適合又はインシデントの原因を除去し、再発を防止するための処置）を決定します（箇条 10.2「インシデント、不適合及び是正処置」参照）。

　おそらく一部の組織では、この箇条を正しく理解することが難しい場合があると思います。インシデントは定義にもあるように "結果として負傷及び疾病を生じた" 場合だけではなく、"生じ得た（すなわち、ニアミス、ヒヤリ・ハット、危機一髪など）" 場合にも該当するため、あやうく事故になりそうだったインシデントも是正処置の対象にする必要があるためです。

　また、不適合とは OH&S マネジメントシステム上の問題だけではなく、法的要求事項と組織が順守すると決めた事項への違反も含みますので、システム上の不適合のみを対象にすることは望ましいことではありません。

注記3　非管理職の協議及び関与に努めたからといって、管理職の関与を除外することは考えていません。OH&S マネジメントシステムにとって、非管理職及び管理職の両者の協議と関与が重要だからです。

注記4　組織は、働く人に無償で教育訓練を施します。教育訓練は就労時間内に実施することが推奨されます。こうすることで働く人の参加の障害を取り除くことが期待できます。

Unit 6 ▸計 画

6.1 ▸ リスク及び機会への取組み

6.1.1 　一　般

　労働安全衛生マネジメントシステムの計画を策定するとき，組織は，4.1（状況）に規定する課題，4.2（利害関係者）に規定する要求事項及び4.3（労働安全衛生マネジメントシステムの適用範囲）を考慮し，次の事項のために取り組む必要があるリスク及び機会を決定しなければならない。

a）労働安全衛生マネジメントシステムが，その意図した成果を達成できるという確信を与える。

b）望ましくない影響を防止又は低減する。

c）継続的改善を達成する。

　組織は，取り組む必要のある労働安全衛生マネジメントシステム並びにその意図した成果に対するリスク及び機会を決定するときには，次の事項を考慮に入れなければならない。

― 危険源（6.1.2.1 参照）

― 労働安全衛生リスク及びその他のリスク（6.1.2.2 参照）

― 労働安全衛生機会及びその他の機会（6.1.2.3 参照）

― 法的要求事項及びその他の要求事項（6.1.3 参照）

　組織は，計画プロセスにおいて，組織，組織のプロセス又は労働安全衛生マネジメントシステムの変更に付随して，労働安全衛生マネジメントシステムの意図した成果に関わるリスク及び機会を決定し，評価しなければならない。永続的か暫定的かを問わず，計画的な変更の場合は，変更を実施する前にこの評価を行わなければならない（8.1.3 参照）。

　組織は，次の事項に関する文書化した情報を維持しなければならない。

― リスク及び機会

― 計画どおりに実施されたことの確信を得るために必要な範囲でリスク及び機会（6.1.2～6.1.4 参照）を決定し，対処するために必要なプロセス及び取組み

●解　説●

本箇条は、OH&S マネジメントシステムのシステム段階における "計画" の要求事項と考えることができます。この "計画" とは主に "決定したリスクと機会"、"決定した法的要求事項とその他の要求事項"、"緊急事態" などに対応するための実行計画の策定を意味します。そのため、箇条 6.1.1「一般」では ISO 45001 のユーザに向けて、附属書 SL の箇条 6 よりもかなり複雑な構成になっています[*1]。

ISO 45001 では組織が決定すべきリスク及び機会には 4 種類あると述べています。この考え方は ISO 45001 独自のもので、附属書 SL から派生した ISO 9001 などのマネジメントシステム規格にはないものです（表 6-1 参照）。

表 6-1　4 種類のリスク及び機会

用　語	用語に含まれる意味
ISO 45001 における 4 種類のリスク及び機会	1. 労働安全衛生**リスク** 2. 労働安全衛生**機会** 3. 労働安全衛生マネジメントシステムに対するその他の**リスク** 4. 労働安全衛生マネジメントシステムに対するその他の**機会**

表 6-2　リスク及び機会の定義（参考）

用　語	JIS Q 45001：2018 による定義
3.20 リスク	不確かさの影響。 注記 5　この規格では、"リスク及び機会" という用語を使用する場合は、労働安全衛生リスク、労働安全衛生機会、マネジメントシステムに対するその他のリスク及びその他の機会を意味する。 注記 6　（中略）注記 5 は、"リスク及び機会" という用語をこの規格内で明確に用いるために追加した。
3.21 労働安全衛生リスク	労働に関係する危険な事象又はばく露の起こりやすさと、その事象又はばく露によって生じ得る負傷及び疾病の重大性との組合せ。
3.22 労働安全衛生機会	労働安全衛生パフォーマンスの向上につながり得る状況又は一連の状況。
機会	附属書 SL 及び ISO 45001 に定義はない。 【参考】一般に機会とは組織が積極的に何かを得ようとする行動を指します。よく似た用語に "チャンス" がありますが、チャンスは機会よりも偶発的で組織の意思決定による行動を含まないことがあります。

＊1：箇条 6 で決定した "4 種類のリスク及び機会"（労働安全衛生リスク、その他のリスク、労働安全衛生機会、その他の機会）への取組は、箇条 8 のオペレーション段階における運用上の "計画" と "実行" プロセスに資するためのものと考えれば、箇条 6 の計画と箇条 8 の計画の相互関係がわかりやすくなります。

リスク及び機会では"機会"を除く用語を定義しています（表 6-2 参照）。

ISO マネジメントシステムにおいて頻出の用語である"機会"に関しては、附属書 SL にも定義はありません（p.36 Column 参照）。

6.1「リスク及び機会への取組み」は、6.1.1「一般」に続き、6.1.2「危険源の特定並びにリスク及び機会の評価」、6.1.3「法的要求事項及びその他の要求事項の決定」、6.1.4「取組みの計画策定」から構成されています。そのため、危険源を特定し、リスク及び機会を評価することにより、組織の OH&S マネジメントシステムを計画し、箇条 8「運用」において OH&S プロセスを実行するための基盤を整えることが容易になります。

箇条 6「計画」では、リスクに基づく考え方に沿って、組織がリスク及び機会を決める際には、4.1「組織及びその状況の理解」、4.2「働く人及びその他の利害関係者のニーズ及び期待の理解」、4.3「労働安全衛生マネジメントシステムの適用範囲の決定」で規定する要求事項を考慮する必要があります。

ただし、先記の箇条 4.1 から 4.3 だけを考慮すれば十分なのかと問えば、以下に示したように、OH&S マネジメントシステムの意図した成果を達成し、望ましくない影響を防止するか低減し、継続的改善を達成できる程度の範囲までを組織は視野に入れる必要があるでしょう。

リスク及び機会を決定するためには、以下の a）～ c）を満足させる必要があります。

a）OH&S マネジメントシステムが、その意図した成果を確実に達成できるものであること。ここで、OH&S マネジメントシステムの意図した成果とは"働く人の労働に関係する負傷及び疾病を防止すること、及び安全で健康的な職場を提供すること"を意味します。

b）望ましくない影響を防止又は低減します。組織にとって望ましくない影響を防止するとは、未然防止を意味する"予防処置"のことです。ISO のマネジメントシステムでは、附属書 SL を採用するまでは不適合の再発防止を意味する"是正処置"と、不適合の未然防止を意味する"予防処置"を処置の両輪に据えていましたが、ISO マネジメントシステム規格そのものが予防処置的な役割を果たしているというコンセプトにより、表だって予防処置という用語を用いなくなりました。

c）継続的改善とは、OH&S マネジメントシステムの適切性、妥当性及び有効性を継続的に改善することです（箇条 10.3「継続的改善」参照）。

組織が取り組むべきOH&Sマネジメントシステム並びに意図した成果に対するリスク及び機会を決定する場合には、以下の事項を考慮しなければなりません。

- 危険源（6.1.2.1「危険源の特定」参照）

　危険源（hazard）とは3.19で"負傷及び疾病を引き起こす可能性のある原因"と定義されています。何を危険源として定めるかは組織の判断に任されています。

- OH&Sリスク及びその他のリスク（6.1.2.2「労働安全衛生リスク及びOH&Sマネジメントシステムに対するその他のリスクの評価」参照）

　箇条0.2「労働安全衛生マネジメントシステムの狙い」で述べているように、OH&Sマネジメントシステムの目的は、OH&Sリスク及びOH&S機会を管理するための枠組み、すなわち労働安全衛生のマネジメントシステムを組織に提供することです。

- OH&S機会及びその他の機会（6.1.2.3「労働安全衛生機会及び労働安全衛生マネジメントシステムに対するその他の機会の評価」参照）

　OH&S機会とは"OH&Sパフォーマンスの向上につながり得る状況又は一連の状況"です。ここで、OH&Sパフォーマンスとは"働く人の負傷及び疾病の防止の有効性、並びに安全で健康的な職場の提供に関わるパフォーマンス"と定義されています。

- 法的要求事項及びその他の要求事項（6.1.3「法的要求事項及びその他の要求事項の決定」参照）

　OH&Sマネジメントシステムに関連して要求される、法的要求事項とその他の要求事項を指します。

　組織は、組織、組織のプロセス又はOH&Sマネジメントシステムを変更する場合には、変更を実施する前に、変更したことにより被るかもしれない影響を決定する必要があります。変更には一時的なものと恒久的なものが存在しますが、いずれも変更を実施する前に変更から被る影響を事前に評価する必要があります。

　組織は、次の事項に関する文書化した情報（文書）を維持しなければなりません。

- （組織が決定した）リスク及び機会。
- 計画どおりに実施されたことの確信を得るために必要な範囲でリスク及び機

会（箇条 6.1.2「危険源の特定並びにリスク及び機会の評価」、箇条 6.1.3「法的要求事項及びその他の要求事項の決定」、箇条 6.1.4「取組みの計画策定」参照）を決定し、対処するために必要なプロセス及び取組み。

リスク及び機会
組織の事業プロセスは不安定で危ういものです。そのため OH&S マネジメントシステムを組織の事業プロセスと一体化することでリスク及び機会を決定し、対処することで、盤石な事業プロセスを実現する必要があります。

6.1.2　危険源の特定並びにリスク及び機会の評価
6.1.2.1　危険源の特定

　組織は，危険源を現状において及び先取りして特定するためのプロセスを確立し，実施し，かつ，維持しなければならない。プロセスは，次の事項を考慮に入れなければならないが，考慮に入れなければならないのはこれらの事項だけに限らない。

a）作業の編成の仕方，社会的要因（作業負荷，作業時間，虐待，ハラスメント及びいじめを含む。），リーダーシップ及び組織の文化

b）次から生じる危険源を含めた，定常的及び非定常的な活動及び状況

　1）職場のインフラストラクチャ，設備，材料，物質及び物理的条件

　2）製品及びサービスの設計，研究，開発，試験，生産，組立，建設，サー

ビス提供，保守及び廃棄

　3）人的要因

　4）作業の実施方法

c）緊急事態を含めた，組織の内部及び外部で過去に起きた関連のあるインシデント及びその原因

d）起こり得る緊急事態

e）次の事項を含めた人々

　1）働く人，請負者，来訪者，その他の人々を含めた，職場に出入りする人々及びそれらの人々の活動

　2）組織の活動によって影響を受け得る職場の周辺の人々

　3）組織が直接管理していない場所にいる働く人

f）次の事項を含めたその他の課題

　1）関係する働く人のニーズ及び能力に合わせることへの配慮を含めた，作業領域，プロセス，据付，機械・機器，作業手順及び作業組織の設計

　2）組織の管理下での労働に関連する活動に起因して生じる，職場周辺の状況

　3）職場の人々に負傷及び疾病を生じさせ得る，職場周辺で発生する，組織の管理下にない状況

g）組織，運営，プロセス，活動及び労働安全衛生マネジメントシステムの実際の変更又は変更案（8.1.3 参照）

h）危険源に関する知識及び情報の変更

●解　説●

　組織は労働安全衛生に関わる危険源を明らかにしなければなりません。そのために、危険源を労働災害などが発生する前に特定するためのプロセスを確立し、実施し、かつ、維持します。このプロセスを実施する際には以下の事項について考慮しなければなりませんが、考慮すべき事項はそれだけではないことに注意が必要です。

　なお、箇条 6.1.2 の名称は“危険源の特定並びにリスク及び機会の評価”（Hazard identification and assessment of risk and oportunities）です。ここで用いられている“assessment”（アセスメント）は箇条 6 の頻出用語ですが、

体系だったアセスメントを厳密に実施することまでは意図していないことに注意が必要です。言い換えると "assessment of risk and oportunities" とは文字どおり "リスク及び機会の評価" であるため、"リスクアセスメント" 及び "機会アセスメント" を厳密に実施することまでは要求していません[*2]。

a）組織の作業慣習や組織文化、そして働く人のリーダーシップなど。

b）以下の 1）～ 4）から生じる危険源を含めた、定常的（routine：決まりきった仕事）及び非定常的（non-routine：不規則で変化する仕事）な活動及び状況。

　　1）職場のインフラストラクチャ、設備、材料、物質及び物理的条件（主にハード面）

　　2）製品及びサービスの設計、研究、開発、試験、生産、組立、建設、サービス提供、保守及び廃棄（主にソフト的な要因を含むもの）

　　3）人的要因（ヒューマンファクター）

　　4）作業の実施方法（作業プロセス又は作業手順）

c）過去に組織で経験したヒヤリ・ハットや労働災害などの事例が該当します。ただし、"組織の外部" も該当するため、他社の事故事例なども含みます。

e）1）組織に訪れる来訪者、そして職場に出入りする人々も含むため、必ずしも組織に所属する働く人とは限らないことに注意が必要です。たとえば、納品業者や郵便物や宅配便の配達人、そして社外から視察や監査で来訪する人たちも含みます。そのため、組織に来訪する ISO 審査員も "職場に出入りする人々" に含む場合があります。

f）2）組織が事業に伴う生産活動などを伴うことで、職場周辺の人々に何らかの影響を与えてしまうことも考えられます。

f）3）組織に隣接する企業の仕事は組織の管理下にはありません。しかし、隣接する敷地において他社の管理下で大型の重機作業、危険物の取り扱い、その他の危険な作業を実施することで不測の事態により、組織の働く人が巻き添えになることも考えられます。組織を取り巻く環境は変化しますので、組織は

---

*2："assessment of risk and oportunities"（リスク及び機会の評価）と "risk and opportunities assessment"（リスク及び機会アセスメント）は似て非なる意味になります。たとえばリスクアセスメントであれば IEC/ISO 31010「リスクマネジメント－アセスメント技法」で紹介されているアセスメント技法のいずれかの方法を用いることもありますが、ISO 45001 では組織への負担を考慮しそこまでの評価方法は要求していないことに注意が必要です。
　ちなみに、ISO 31000「リスクマネジメント－原則及び指針」では、リスクアセスメントとは "特定"、"分析"、"評価" の三つのプロセスから構成されると説明しています。

自社の管理下にはない周辺の動向にも気配りが必要になります。

h）組織で使用している化学物質が新たに発がん性物質に指定されたり、組織が使用している工事車両が新たにリコールの対象になったりすることも考えられます。こうした情報は、組織の働く人々を守るために必要になる場合があります。

6.1.2.2　労働安全衛生リスク及び労働安全衛生マネジメントシステムに対するその他のリスクの評価

> 組織は，次の事項のためのプロセスを確立し，実施し，かつ，維持しなければならない。
>
> a）既存の管理策の有効性を考慮に入れた上で，特定された危険源から生じる労働安全衛生リスクを評価する。
>
> b）労働安全衛生マネジメントシステムの確立，実施，運用及び維持に関係するその他のリスクを決定し，評価する。
>
> 　組織の労働安全衛生リスクの評価の方法及び基準は，問題が起きてから対応するのではなく事前に，かつ，体系的な方法で行われることを確実にするため，労働安全衛生リスクの範囲，性質及び時期の観点から，決定しなければならない。この方法及び基準は，文書化した情報として維持し，保持しなければならない。

●解　説●

"OH&Sリスク"及び"OH&Sマネジメントシステムに対するその他のリスク"を評価するために、そのプロセスを確立し、実施し、かつ、維持しなければなりません。

a）組織は労働災害の再発防止策と未然防止策を設けています。このような管理策の有効性（計画した活動を実行し、計画した結果を達成した程度）を考慮した上で、組織が特定した危険源から生じるかもしれない労働災害（OH&Sリスク）を評価します。

b）OH&Sマネジメントシステムに関するその他のリスクを決めて、評価します[3]。

---

[3]：OH&Sリスクの評価に際しては、箇条8.1.2「危険源の除去及び労働安全衛生リスクの低減」を参照するとわかりやすいでしょう。ここで重要なことは、起こりうる労働災害の内容に見合う程度のリスク評価を必要としていることです。

労働災害を未然防止する観点からリスクを決定する必要があります[*4]。

その際には、OH&Sリスクの範囲、性質及び時期の観点から決めなければなりません。また、この方法及び基準は、文書化した情報（文書及び記録）として維持し、保持しなければなりません。

なお、リスクの決定に際しては"体系的な方法で行われることを確実にする"とありますが、ISOにおける"体系的"とは一般に属人的な方法ではなく組織として統一的な方法を採用することを示唆しています。

6.1.2.3　労働安全衛生機会及び労働安全衛生マネジメントシステムに対するその他の機会の評価

> 組織は，次の事項を評価するためのプロセスを確立し，実施し，かつ，維持しなければならない。
> a）組織，組織の方針，そのプロセス又は組織の活動の計画的変更を考慮に入れた労働安全衛生パフォーマンス向上の労働安全衛生機会及び，
> 　1）作業，作業組織及び作業環境を働く人に合わせて調整する機会
> 　2）危険源を除去し，労働安全衛生リスクを低減する機会
> b）労働安全衛生マネジメントシステムを改善するその他の機会
> 　注記　労働安全衛生リスク及び労働安全衛生機会は，組織にとってのその他のリスク及びその他の機会となることがあり得る。

●解　説●

箇条6.1.2.2ではリスクの評価について要求していますが、箇条6.1.2.3では機会の評価を要求しています。組織は"OH&S機会"及び"OH&Sマネジメントシステムに対するその他の機会"を評価するために、そのプロセスを確立し、実施し、かつ、維持しなければなりません。

a）組織、（OH&S）方針、プロセス又は活動の計画された変更を実施する場合におけるOH&Sパフォーマンスの向上機会と、

　1）働く人に合わせた作業、作業組織及び作業環境を調整（整える）する機

[*4：OH&Sマネジメントシステムに関わるリスクとしては、OH&Sマネジメントシステムの形骸化（要改善事項の放置を含む）、トップマネジメントのISO 45001に関する無関心、働く人々の認識不足、下請負契約者に対する契約内容の不備なども考えられます。]

会

２）危険源の除去と、OH&S リスクを低減する機会

ｂ）OH&S マネジメントシステムを改善するための、その他の機会

注記 "OH&S リスク及び OH&S 機会は、組織にとってのその他のリスク及びその他の機会となることがあり得る" とは、リスク及び機会を厳密には "OH&S" と "その他" に分類できないこともあることを述べています[*5]。

6.1.3 法的要求事項及びその他の要求事項の決定

組織は，次の事項のためのプロセスを確立し，実施し，かつ，維持しなければならない。

ａ）組織の危険源，労働安全衛生リスク及び労働安全衛生マネジメントシステムに適用される最新の法的要求事項及びその他の要求事項を決定し，入手する。

ｂ）これらの法的要求事項及びその他の要求事項の組織への適用方法，並びにコミュニケーションする必要があるものを決定する。

ｃ）組織の労働安全衛生マネジメントシステムを確立し，実施し，維持し，継続的に改善するときに，これらの法的要求事項及びその他の要求事項を考慮に入れる。

組織は，法的要求事項及びその他の要求事項に関する文書化した情報を維持し，保持し，全ての変更を反映して最新の状態にしておくことを確実にしなければならない。

注記 法的要求事項及びその他の要求事項は，組織へのリスク及び機会となり得る。

●解 説●

法治国家で事業プロセスを遂行するためには、組織が順守すべき法的要求事項とその他の要求事項を組織自身が理解しておく必要があります[*6]。

[*5]：たとえば、労働災害を撲滅するため、ある組織ではトップマネジメントの指示で安全衛生の管理部署を "部" から "本部" に格上げする機構改革を実施するかもしれません。こうした場合、組織の業務分掌規程や職務権限規程を見直し、OH&S マネジメントシステムを改善し、本部の要員を増員し、働く人々に対する気配りが手厚くなるかもしれません。

[*6]：理解するとは、法律などに記載されている内容とその意味を正しく把握し、組織が法令などを正しく順守できるように社内の環境を整備することです。

"法的要求事項"及び"その他の要求事項"を決定するために、プロセスを確立し、実施し、かつ、維持しなければなりません。

a）危険源、OH&S リスク、OH&S マネジメントシステムに適用される最新の法的要求事項及びその他の要求事項を決めるために必要な情報を入手しなければなりません。

b）法的要求事項及びその他の要求事項を決めることができたら、組織として順守する方法を決定し、こうした情報によるコミュニケーションの要否とコミュニケーションの方法について決定します。

c）組織の OH&S マネジメントシステムを確立し、実施し、維持し、継続的に改善するときに、これらの法的要求事項及びその他の要求事項を考慮に入れます[*7]。

組織は、法的要求事項及びその他の要求事項に関する文書化した情報（文書及び記録）を維持し、保持し、すべての変更を反映して最新の状態にしておくことを確実にしなければなりません。

注記　法的要求事項及びその他の要求事項は厳しくなったり緩和されたりすることがあるため、その内容と程度によっては組織にとってリスク又は機会になることがあり得ます。

6.1.4　取組みの計画策定

組織は，次の事項を計画しなければならない。

a）次の事項を実行するための取組み

　1）決定したリスク及び機会に対処する（6.1.2.2 及び 6.1.2.3 参照）。

　2）法的要求事項及びその他の要求事項に対処する（6.1.3 参照）。

　3）緊急事態への準備をし，対応する（8.2 参照）。

b）次の事項を行う方法

　1）その取組みの労働安全衛生マネジメントシステムのプロセス，又はその他の事業プロセスへの統合及び実施

　2）その取組みの有効性の評価

組織は，取組みの実施を計画する際に，管理策の優先順位（8.1.2 参照）

[*7]：合理化を意図した業務改善と法令順守はトレードオフの関係になりやすいため、改善によりウッカリ法律を犯すことのないように気をつける必要があります。

及び労働安全衛生マネジメントシステムからのアウトプットを考慮に入れなければならない。

　取組みを計画するとき，組織は，成功事例，技術上の選択肢，並びに財務上，運用上及び事業上の要求事項を考慮しなければならない。

●解　説●

　組織は、二種類のリスクと二種類の機会の対応方法、法的要求事項とその他の要求事項への対処、緊急事態への準備と対応について計画しなければなりません[*8]。

a）次の事項の取り組み計画

　　1）決定したリスク及び機会への対処方法（6.1.2.2 及び 6.1.2.3 参照）。

　　2）法的要求事項及びその他の要求事項への対処方法（6.1.3 参照）。

　　3）緊急事態への準備と対応の方法（8.2 参照）。

b）次の事項の実施方法

　　1）箇条 6.1.4（本箇条）で計画した内容を、OH&S マネジメントシステムのプロセス、又はその他の事業プロセスに統合する。

　　2）統合した結果の有効性を評価する。

　組織は、取組みを計画する場合には、管理策の優先順位（8.1.2 参照）及び OH&S マネジメントシステムからの意図した成果を考慮に入れなければなりません。

　以上の取組みを計画する場合には、成功事例、技術上の選択肢、財務上・運用上・事業上の要求事項を考慮しなければなりません[*9]。

6.2 ▶ 労働安全衛生目標及びそれを達成するための計画策定

6.2.1　労働安全衛生目標

　組織は，労働安全衛生マネジメントシステム及び労働安全衛生パフォーマ

[*8]：合計四種類の"リスク及び機会"は、組織と働く人々が被る影響の程度を考慮しながら対処の要否を決めなければなりません。とくに組織が受容できるリスクについては対処及びその計画の要否を慎重に評価し、受容できないリスクのみを計画の対象にするといった合理的判断が必要になるかもしれません。ただし、現在は受容できるリスクであっても将来も受容可能であるとは限らないため、そうしたリスクは継続的に監視する必要があるでしょう。

[*9]：一見するとよくできた取組みの計画であっても、組織の教訓が活かされず、技術的に無理があり、コストと手順が合理的ではなく、契約内容に反するものであっては計画の質に問題が生じる場合があります。

ンスを維持及び継続的に改善するために，関連する部門及び階層において労働安全衛生目標を確立しなければならない（10.3 参照）。

　労働安全衛生目標は，次の事項を満たさなければならない。

a）労働安全衛生方針と整合している。

b）測定可能（実行可能な場合）である，又はパフォーマンス評価が可能である。

c）次を考慮に入れている。

　　1）適用される要求事項

　　2）リスク及び機会の評価結果（6.1.2.2 及び 6.1.2.3 参照）

　　3）働く人及び働く人の代表（いる場合）との協議（5.4 参照）の結果

d）モニタリングする。

e）伝達する。

f）必要に応じて，更新する。

●解　説●

　目標は、組織の OH&S 方針に沿った結果を出すために必要なものです（箇条 0.4「Plan-Do-Check-Act サイクル」参照）。

　また、OH&S 目標の達成は、OH&S マネジメントシステムの意図した成果でもあります（箇条 1「適用範囲」参照）[*10]。

　組織は、OH&S マネジメントシステム及び OH&S パフォーマンスを維持及び継続的に改善するために、関連する部門及び階層で OH&S 目標を展開しなければなりません（箇条 10.3「継続的改善」参照）[*11]。

　OH&S 目標は、次の事項を満たさなければなりません。

a）OH&S 方針と整合している。

b）測定可能（実行可能な場合）である、又はパフォーマンス評価が可能である。

c）次を考慮に入れている。

　　1）適用される要求事項（たとえば ISO 45001 の要求事項、関係法令など）

　　2）リスク及び機会の評価結果（箇条 6.1.2.2 及び箇条 6.1.2.3 参照）

　　3）働く人及び働く人の代表（いる場合）との協議（箇条 5.4「働く人の協議

[*10]：組織が十分に危険源を特定できていれば、より現実的で合理的な対応策の設定が可能になるため、目標管理にも柔軟に対応できることがあります。

[*11]："関連する部門及び階層"とは組織の様々なレベルを示唆しています。たとえば、パーマネント組織とは別立てのプロジェクトにおいて OH&S 目標を設定することがあります。

及び参加」参照）の結果

d）モニタリングする。（目標の達成度や妥当性を監視する）

e）伝達する。（関係者や関係部署に目標の内容や達成度を知らしめる）

f）必要に応じて、更新する。（目標を見直す）

目標の設定
目標には "一生懸命、努力、頑張ろう" などといったスローガン的で曖昧なもの
は相応しくありません。OH&S 目標を具体的に設定することで、目標を実現す
るための施策もより具体化できます。

6.2.2 労働安全衛生目標を達成するための計画策定

　組織は，労働安全衛生目標をどのように達成するかについて計画すると
き，次の事項を決定しなければならない。

a）実施事項

b）必要な資源

c）責任者

d）達成期限

e）これには，モニタリングするための指標を含む，結果の評価方法

f）労働安全衛生目標を達成するための取組みを組織の事業プロセスに統合
する方法

　組織は，労働安全衛生目標及びそれらを達成するための計画に関する文書

化した情報を維持し，保持しなければならない。

●解　説●

　OH&S目標の達成とその実施方法については組織の判断によりますが、その実行計画を策定する際には次の事項を決定しなければなりません[*12]。

a）実施事項（設定した目標の実施方法）

b）必要な資源（目標を実施するために必要なリソース）

c）責任者（目標を確実に実現させるために責任を負う人）

d）達成期限（いつまでに目標を実現するか）

e）これには、モニタリングするための指標を含む、結果の評価方法（目標の達成度を監視するための指標を決定）

f）OH&S目標を達成するための取組みを組織の事業プロセスに統合する方法（OH&S目標の内容が組織の日常的な活動と乖離(かいり)させないためには、生産活動の中核的存在となる組織の事業プロセスと一体化した目標にする必要があるため、その方法について決めなければなりません）

目標の計画
計画には、実施事項、必要な資源、責任者、達成期限、評価方法などを含まなければなりません。

---

*12：OH&S目標は、それぞれの設定した目標が相互に矛盾せず、組織の経営戦略と方向性が同じであり、事業経営と一体化している必要があります。

OH&S 目標及びそれらを達成するための計画に関する文書化した情報（文書及び記録）を維持し、保持しなければなりません。

Unit **7** ▶支　援

7.1 ▶ 資　源

> 組織は，労働安全衛生マネジメントシステムの確立，実施，維持及び継続的改善に必要な資源を決定し，提供しなければならない。

●**解　説**●

　OH&Sマネジメントシステムのプロセスを継続するために、資金はもちろんですが、有形無形の資源も必要になります。その一例として"組織の内部・外部から提供されるその他の資源"、"力量を有する人材"、"内部・外部のコミュニケーション"、"プロセスの実行を指示するための文書"及び"組織の経験やノウハウ"などが考えられます。

　組織はOH&Sマネジメントシステムを確立し、実施し、維持し、継続的に改善するために必要な資源を決め、必要とするプロセスに過不足なく配付する必要があります。

7.2 ▶ 力　量

> 組織は，次の事項を行わなければならない。
> a) 組織の労働安全衛生パフォーマンスに影響を与える，又は与え得る働く人に必要な力量を決定する。
> b) 適切な教育，訓練又は経験に基づいて，働く人が（危険源を特定する能力を含めた）力量を備えていることを確実にする。
> c) 該当する場合には，必ず，必要な力量を身に付け，維持するための処置をとり，とった処置の有効性を評価する。
> d) 力量の証拠として，適切な文書化した情報を保持する。
> 　　注記　適用する処置には，例えば，現在雇用している人々に対する，教育訓練の提供，指導の実施，配置転換の実施などがあり，また，力量を備えた人々の雇用，そうした人々との契約締結などもあり得る。

●解　説●

　力量とは“意図した結果を達成するために、知識及び技能を適用する能力”（箇条3.23参照）と定義されています。したがって、力量には公的な資格だけではなく経験から得られた個人の知見や能力なども含まれます。

　組織がOH&Sパフォーマンスに関わる働く人の力量を確保するために行わなければならない事項は以下のとおりです[*1]。

a）働く人に必要な力量を決めます。

b）働く人が力量を備えるようにします[*2]。

c）働く人に必要な力量を身に付けさせるだけではなく、維持する必要があります。採用した処置の有効性を評価する必要があります[*3]。

d）働く人が力量を確保していることを証明できる文書化した情報（記録）を保持しなければなりません[*4]。

　　注記　適用する処置とは、教育訓練や指導の実施、適材適所への配置転換などが考えられますが、力量を備えた人を外部から雇用する方法も考えられます。

力量とは
力量とは資格や免許だけを指しているのではありません。力量には働く人たちが身に付けてきた経験や技法なども含みます。

[*1]：ISOマネジメントシステム規格の常で具体的な力量を要求していません。そのため組織が必要とする力量は組織自身で決めなければなりません。

[*2]：とくに労働災害を未然に防止するために必要な“危険源を特定する能力”を強く要求しています。必要であるなら化学や物理に関する知識も含みます。

[*3]：働く人に必要な力量が不足している場合には、力量を得るための適切な処置が必要になります。その処置が不足した力量を満たしているかどうかを評価しなければなりませんが、ただ単に教育しただけでは評価したことにはなりません。

[*4]：力量には組織が必要とするものだけではなく、法令等が要求する公的資格も含みます。

7.3 ▶ 認　識

> 働く人に，次の事項に関する認識をさせなければならない。
> a）労働安全衛生方針及び労働安全衛生目標
> b）労働安全衛生パフォーマンスの向上によって得られる便益を含む，労働安全衛生マネジメントシステムの有効性に対する自らの貢献
> c）労働安全衛生マネジメントシステム要求事項に適合しないことの意味及び起こり得る結果
> d）働く人に関連するインシデント及びその調査結果
> e）働く人に関連する危険源，労働安全衛生リスク及び決定した取組み
> f）働く人が生命又は健康に切迫して重大な危険があると考える労働状況から，働く人が自ら逃れることができること及びそのような行動をとったことによる不当な結果から保護されるための取決め

●解　説●

　働く人の OH&S マネジメントシステムに関わる認識は、OH&S パフォーマンスに影響を与えることがあります。そのため、組織は働く人に対して以下の事項を認識させなければなりません[*5]。

a）OH&S 方針及び OH&S 目標の認識[*6]。

b）OH&S パフォーマンスは "働く人の負傷及び疾病の防止の有効性、並びに安全で健康的な職場の提供に関わるパフォーマンス" と定義されています。したがって、働く人が OH&S マネジメントシステムに関わる組織活動に対し、自ら果たすべき役割と貢献できることについて認識できていなければなりません[*7]。

c）OH&S マネジメントシステムにそぐわない行動をとると、その結果としてどのようなリスクを被るかについて理解できている必要があります。

d）過去のヒヤリハットや労働災害から組織が得た教訓に関するさまざまな情報を働く人に周知すること。

[*5]：ISO 9000:2015 の箇条 2.2.5.4「認識」では "人々が、各自の責任を理解し、自らの行動が組織の目標の達成にどのように貢献するかを理解したとき、認識は確固としたものになる。" と説明しています。

[*6]：ただ単に、方針と目標の字面を記憶することではなく、方針と目標の実現に自らがどのように寄与できるかについても理解している必要があります。

[*7]：ISO 審査員に役割を問われたある事務員の回答は QMS の最初期に都市伝説化しました。"私の役割は訪れたお客様を美味しいお茶でもてなし、心から満足してお帰り頂くことだと認識しています。" というものでした。

e) 組織は、何が働く人とっての危険源なのか、何が働く人とっての OH&S リスクなのか、どのような方法でリスクや OH&S に対応するべきなのかを認識させる必要があります。

f) 働く人が、生命又は健康に害が及ぶかもしれない事態に遭遇した場合に、そうした状況から退避できるように配慮する必要があります。もしも働く人が危険を回避するために職場を放棄したとしても、組織がその人に報復しないという取決めを設ける必要があります。

働く人が無関心だと…
働く人や利害関係者の認識が不足したままでは、トップマネジメントが熱心に指揮棒を振っても組織は踊りません。

7.4 ▶ コミュニケーション

7.4.1 一 般

組織は，次の事項の決定を含む，労働安全衛生マネジメントシステムに関連する内部及び外部のコミュニケーションに必要なプロセスを確立し，実施し，維持しなければならない。

a) コミュニケーションの内容

b) コミュニケーションの実施時期

c) コミュニケーションの対象者

　1) 組織内部の様々な階層及び部門に対して

　2) 請負者及び職場の来訪者に対して

　3) 他の利害関係者に対して

d) コミュニケーションの方法

組織は，コミュニケーションの必要性を検討するに当たって，多様性の側面（例えば，性別，言語，文化，識字，心身の障害）を考慮に入れなければならない。

組織は，コミュニケーションのプロセスを確立するに当たって，関係する外部の利害関係者の見解が確実に考慮されるようにしなければならない。

コミュニケーションのプロセスを確立するとき，組織は，次の事項を行わなければならない。

－　法的要求事項及びその他の要求事項を考慮に入れる。

－　コミュニケーションする労働安全衛生情報が，労働安全衛生マネジメントシステムにおいて作成する情報と整合し，信頼性があることを確実にする。

組織は，労働安全衛生マネジメントシステムについて関連するコミュニケーションに対応しなければならない。

組織は，必要に応じて，コミュニケーションの証拠として，文書化した情報を保持しなければならない。

● 解　説 ●

組織に対してコミュニケーションの計画と実施を要求しています。コミュニケーションの対象者は "関係する働く人及び利害関係者のすべてが，関連する情報を与えられ、受け取り、理解できることを確実に"（A.7.4 参照）することを考慮し、組織で決めることができます。

コミュニケーションのプロセスを確立する際には以下の事項を含めなくてはなりません。

a）コミュニケーションの内容（何を伝達するか）

b）コミュニケーションの実施時期（それはいつ伝達するか）

c）コミュニケーションの対象者（誰に対して伝達するか）

　1）組織内部の様々な階層及び部門に対して（より具体的に誰を対象にするか）

　2）請負者及び職場の来訪者に対して（下請負契約者及び外部の来訪者にも伝達しているか）

　3）他の利害関係者に対して（組織が決定したその他の利害関係者にも伝達しているか）

d）コミュニケーションの方法（対象者に伝達する方法は適切な方法を採用しているか）

組織は、コミュニケーションの要否を検討する際には働く人の文化や言語などの多様性を考慮する必要があります。

組織は、コミュニケーションのプロセスを確立する場合には、監督官庁や下請負契約者など外部の利害関係者の意見などを考慮する必要があります。

コミュニケーションのプロセスを確立するときには次の事項を実施する必要があります。

－　法的要求事項及びその他の要求事項を考慮すること。

－　労働安全衛生に関わる情報が OH&S マネジメントシステムからアウトプットされる情報と整合しており、情報の信憑性（しんぴょうせい）を確保できること。

組織は、働く人や利害関係者から提供された情報のコミュニケーション（情報を分かち合う、情報をやりとりする）に努めなければなりません[*8]。

必要に応じて文書化した情報（記録）をコミュニケーションの証拠として保持しなければなりません。

多様性に関して
内部・外部のコミュニケーションを確立するためには、性別、言語、文化、識字、心身の障害などを考慮することが必要になります。こうした多様性のことを "ダイバーシティ"（diversity）と呼びます。グローバル化した社会ではマネジメントシステムを成功に導くために、ダイバーシティに配慮する必要性が増しています。

＊8：組織は働く人や利害関係者などから提供された情報に対して対応・反応する必要があります。

7.4.2　内部コミュニケーション

> 組織は，次の事項を行わなければならない。
> a）必要に応じて，労働安全衛生マネジメントシステムの変更を含め，労働安全衛生マネジメントシステムに関連する情報について，組織の様々な階層間及び機能間で内部コミュニケーションを行う。
> b）コミュニケーションプロセスが，継続的改善への働く人の寄与を可能にすることを確実にする。

●解　説●

組織は、内部コミュニケーションとして次の事項を実施する必要があります。

a）OH&S活動に関する様々な変更事項について、組織の隅々にまで周知する必要があります。その変更事項にはOH&Sマネジメントシステムの変更を含みます[9]。

b）コミュニケーションのプロセスを通じて働く人がOH&Sマネジメントシステムの継続的改善に寄与できるようにしなければなりません[10]。

7.4.3　外部コミュニケーション

> 組織は，コミュニケーションプロセスによって確立したとおりに，かつ，法的要求事項及びその他の要求事項を考慮に入れ，労働安全衛生マネジメントシステムに関連する情報について外部コミュニケーションを行わなければならない。

●解　説●

組織が確立したコミュニケーションのプロセスに従い、外部の利害関係者と情報の相互伝達を密接に行う必要があります。とくに、法的要求事項とその他の要求事項に関する情報は組織外部からも提供されることを考慮し、そのためのコ

---

[9]：OH&Sマネジメントシステムの変更以外にも、労働安全衛生法、設計、設備、組織、契約内容、顧客要求事項に関する変更なども含みます。変更に関する情報は時宜を逸することなく関係者と共有化しなければなりません。

[10]：OH&Sマネジメントシステムに関わるコミュニケーションには様々なプロセスが存在します。たとえば、内部監査、教育訓練、マネジメントレビュー、目標管理、社内会議などはその一例です。

ミュニケーションチャンネルを確保しておく必要があります[11]。

7.5 ▶ 文書化した情報

7.5.1 一　般

組織の労働安全衛生マネジメントシステムは，次の事項を含まなければならない。

a）この規格が要求する文書化した情報

b）労働安全衛生マネジメントシステムの有効性のために必要であると組織が決定した，文書化した情報

　　注記　労働安全衛生マネジメントシステムのための文書化した情報の程度は，次のような理由によって，それぞれの組織で異なる場合がある。

　　－　組織の規模，並びに活動，プロセス，製品及びサービスの種類

　　－　法的要求事項及びその他の要求事項を満たしていることを実証する必要性

　　－　プロセス及びその相互作用の複雑さ

　　－　働く人の力量

●解　説●

"文書化した情報"とは、メディアの如何^{いかん}を問わず"文書"又は"記録"を意味します。文書とはプロセスや作業を指示するための文書化した情報で、手順書や作業要領書などはその一例です。

一方の記録とは、実行したプロセス又は作業などの実施記録で、安全衛生パトロール記録や安全日誌などはその一例になります。

ISO 45001 では以下で示したように文書化した情報に関するいくつかの取決めを設けています。

a）組織の OH&S マネジメントシステムは、ISO 45001 が要求する文書化した情報を含むこと[12]。

---

[11]：OH&S マネジメントシステムの有効性と密接に関係する顧客及び利害関係者のニーズ及び期待は、外部コミュニケーションを図るうえで注視する必要があります。
[12]：ISO 45001 で要求している文書化した情報に関する箇条は、4.3、5.2、5.3、6.1.1、6.1.2.2、6.1.3、6.2.2、7.2、7.4.1、7.5.1、8.1.1、8.2、9.1.1、9.1.2、9.2.2、9.3、10.2、10.3。

b) OH&S マネジメントシステムの有効性のために組織自ら必要と認めた文書化した情報を含むこと。

注記　ISO 45001 は画一的な文書化した情報を要求していません。文書化した情報の内容や緻密さは、組織の必要度や置かれた状況で変わるためです。

- たとえば、組織の規模、並びに活動、プロセス、製品及びサービスの種類
- たとえば、法的要求事項及びその他の要求事項を満たしていることを実証するための文書化した情報
- たとえば、プロセスの複雑さ、プロセスの相互関係の複雑さ
- たとえば、働く人の力量[*13]

文書化した情報
組織が OH&S マネジメントシステムの運用に伴い必要とする文書の種類や程度は組織の実態と深く関わりがあります。何もかも文書化すると、働く人たちの負担が増えるかもしれません。組織は自らの力量と必要度を考慮しながら文書化に取り組む必要があります。

7.5.2　作成及び更新

文書化した情報を作成及び更新する際，組織は，次の事項を確実にしなければならない。

[*13]：新人とベテラン社員、又は一般職と専門家では作成する文書化した情報の質に違いが出てしまうこともあります。

a）適切な識別及び記述（例えば，タイトル，日付，作成者，参照番号）

b）適切な形式（例えば，言語，ソフトウェアの版，図表）及び媒体（例え
ば，紙，電子媒体）

c）適切性及び妥当性に関する，適切なレビュー及び承認

●解　説●

　文書化した情報を作成する場合、そして文書化した情報の更新を必要とする場
合には、個々の情報を識別できるようにし、その情報を保つための適切な媒体を
決定する必要があります。

a）文書化した情報にタイトル、日付、作成者、文書番号などを付与して識別で
　きるようにします。

b）文書化した情報の言語、ソフトウェアの版、図表などの形式と、文書化した
　情報を維持・保持するための媒体（紙・電子媒体）を決定します。

c）上記a）とb）が適切であり、文書化した情報の内容が本来の目的を果たす
　上で妥当かどうかをレビューし、承認します*14。

文書化した情報の適切なレビュー
文書化した情報の作成と更新では、適切性及び妥当性をレビューします。ここで
いうレビューとは、自ら被るかもしれないリスクを考慮し"危険予知の観点"か
ら慎重に確認することです。

---

*14：参考として ISO 9000：2015 から"レビュー"と"妥当性確認"の定義を引用します。
　　レビュー（review）とは"設定された目標を達成するための対象の適切性、妥当性又は有効性の確定"。妥当
　性確認（validation）とは"客観的証拠を提示することによって、特定の意図された用途又は適用に関する要求
　事項が満たされていることを確認すること"。

7.5.3 文書化した情報の管理

労働安全衛生マネジメントシステム及びこの規格で要求している文書化した情報は，次の事項を確実にするために，管理しなければならない。

a）文書化した情報が，必要なときに，必要なところで，入手可能，かつ，利用に適した状態である。

b）文書化した情報が十分に保護されている（例えば，機密性の喪失，不適切な使用及び完全性の喪失からの保護）。

文書化した情報の管理に当たって，組織は，該当する場合には，必ず，次の活動に取り組まなければならない。

－　配付，アクセス，検索及び利用

－　読みやすさが保たれることを含む，保管及び保存

－　変更の管理（例えば，版の管理）

－　保持及び廃棄

労働安全衛生マネジメントシステムの計画及び運用のために組織が必要と決定した外部からの文書化した情報は，必要に応じて識別し，管理しなければならない。

注記1　アクセスとは，文書化した情報の閲覧だけの許可に関する決定，又は文書化した情報の閲覧及び変更の許可並びに権限に関する決定を意味し得る。

注記2　関連する文書化した情報のアクセスには，働く人及び働く人の代表（いる場合）によるアクセスが含まれる。

●解　説●

文書化した情報には"文書"及び"記録"の二種類があります。

文書は改訂することがあるため"維持"します。

記録は（原則として改訂するものではないため）そのままの状態を"保持"します。

このようにISOの規格では"文書化した情報"の述語である"維持"と"保持"で文書又は記録のいずれであるかを識別しています。

箇条7.5.3の内容は、その他のISOマネジメントシステム規格と同様の文書管理・記録管理を要求していることがわかります。すでにISO 9001やISO 14001

で"文書化した情報"の管理方法が確立されている組織ではそのプロセスを踏襲することが可能です。

　組織は、文書化した情報を以下のように管理しなければなりません。なお、文書化した情報は中身こそが重要であるとの考え方からメディアは紙類だけではなく各種の電子媒体も対象にしています。

a）文書や記録は、必要なときに、必要なところで、入手可能、かつ、利用に適した状態にある必要があります。すなわち、必要な人が、見たいときに、見たい場所で、文書や記録が閲覧でき、誰もが読める状態が確保されていることを要求しています[15]。

b）文書化した情報の機密が漏れたり、不用意に内容を改ざんされたり、想定外の用途に使用されたりしないように保護します[16]。

　組織は、以下の事項も考慮しながら文書化した情報の管理方法を決めなければなりません。

　　－　文書化した情報の配付、アクセス、検索及び利用などの方法
　　－　文書化した情報の保管方法及び保存方法（読みやすさが変わらないようにすること）
　　－　文書化した情報を変更する場合の管理方法（版やバージョンの管理）
　　－　文書化した情報の保持（記録）及び廃棄（文書・記録）の方法

　労働安全衛生マネジメントシステムの計画を作成し、運用するための文書化した情報を外部から入手した場合には、必要に応じて識別し、管理する必要があります[17]。

　注記1　文書化した情報にアクセスするという場合には、"閲覧すること"、"変更できること"そしてこうした権限を許可する権限を含みます[18]。

　注記2　関連する文書化した情報のアクセスには、働く人及び働く人の代表（いる場合）によるアクセスが含まれます。

---

*15：度を超した乱筆乱文は、読み間違えを誘引することがあります。
*16：データファイルを誤って上書きしたり、高温にさらされた文書・記録の文字が消失したりと、意図しない出来事が考えられます。
*17：外部から入手する文書化した情報には、官報、加除法令、ISO規格、JIS、書籍、図面、労働安全衛生計画書なども含みますが、組織が合理性のある理由で不要と判断したものは管理の対象から外すことが可能です。
*18：アクセスという文言は必ずしもITシステムによる電子文書だけを意味するものではありません。たとえば、紙面の個人情報を鍵の掛かった書棚に収納して閲覧者を限定する方法もアクセス制限の一部になります。

Unit 8 ▶ 運 用

8.1 ▶ 運用の計画及び管理

8.1.1 一 般

組織は，次に示す事項の実施によって，労働安全衛生マネジメントシステム要求事項を満たすために必要なプロセス，及び箇条6で決定した取組みを実施するために必要なプロセスを計画し，実施し，管理し，かつ，維持しなければならない。

a）プロセスに関する基準の設定

b）その基準に従った，プロセスの管理の実施

c）プロセスが計画どおりに実施されたという確信をもつために必要な程度の，文書化した情報の維持及び保持

d）働く人に合わせた作業の調整

複数の事業者が混在する職場では，組織は，労働安全衛生マネジメントシステムの関係する部分を他の組織と調整しなければならない。

●解 説●

箇条6の計画と、箇条8の計画の違いを理解する必要があります。箇条6「計画」の計画は、マネジメントシステムレベルの計画を指しますが、箇条8「運用」における計画は、生産活動などオペレーション段階における運用上の計画を指します[*1]。

組織は、OH&Sマネジメントシステム要求事項を満足するためのプロセスと、箇条6「計画」で決定した取組みを実施するために必要なプロセスを計画し、実施し、管理し、かつ、維持する必要があります。

[*1]：ISO 45001箇条6「計画」の内容が附属書SLと比べて詳しすぎる傾向にあるため、箇条8「運用」の計画との相関性がわかり難いようです。

たとえば、病院や単一製品を扱う工場などの場合は、箇条6「計画」で特定したリスクをオペレーション段階で運用管理してもあまり影響はない（箇条6の計画≒箇条8の計画）と考えられますが、異国における建設プロジェクトや複数組織によるジョイントベンチャーなどのOH&Sリスクでは必ずしも箇条6で特定したリスク及び機会がそのまま箇条8で適用できるかどうかを判断するのは慎重さが必要です。ケースによっては組織の実態に即し、オペレーションレベルの計画を追加する必要があるかもしれません。

ａ）プロセスに関する基準を設定します。基準とは具体的な手順や実施要領と考えることもできます。

ｂ）その基準に従い、プロセスを管理します。プロセスの管理では、物的資源、方法や関連するプロセス、人的資源、評価指標（判断基準）などを管理の対象にする場合がありますが、必ずしもこれだけに限りません。

ｃ）文書化したプロセスの計画を維持し、その活動の結果を記録として保持します。

ｄ）"働く人に合わせた作業の調整"とは、箇条 A.8.1.1 で述べるように、新人研修や人間工学的アプローチの使用など多岐にわたります。

複数の事業者が混在する職場では、他の組織と OH&S マネジメントシステムの関係する事項について調整する必要があります[*2]。

運用の木を育てるために
箇条 8「運用」の木を育てるためには、箇条 6「計画」の土壌が重要です。箇条 6 の土壌の善し悪しは、箇条 4.1 〜 4.4 の決定内容から影響を受けます。そのため、箇条 8 の実効性を高めるためには、箇条 4 と箇条 6 の決定事項が重要になることが理解できます。

8.1.2　危険源の除去及び労働安全衛生リスクの低減

> 　組織は，次の管理策の優先順位によって，危険源の除去及び労働安全衛生リスクを低減するためのプロセスを確立し，実施し，維持しなければならな

[*2]：一例ですが、複数の元請け事業者が混在する作業現場では、特定元方事業者等の講ずべき措置として、協議組織の設置及び運営を通じ"作業間の連絡及び調整"を必要とする場合があります（労働安全衛生法第 30 条参照）。

い。

　a）危険源を除去する。

　b）危険性の低いプロセス，操作，材料又は設備に切り替える。

　c）工学的対策を行う及び作業構成を見直しする。

　d）教育訓練を含めた管理的対策を行う。

　e）適切な個人用保護具を使う。

　　注記　多くの国で，法的要求事項及びその他の要求事項は，個人用保護
　　　　　具（PPE）が働く人に無償支給されるという要求事項を含んでい
　　　　　る。

●解　説●

　組織が決定した危険源及び OH&S リスクを低減するためのプロセスを確立
し、実施し、維持しなければなりません。管理策の優先順位については規格の中
で明確にしていますが、複数の管理策を採用し、合わせ技でリスクをより低減す
ることもできます（箇条 A.8.1.2 参照）[*3]。

　ISO 45001 では働く人や下請負人に組織が個人用保護具を無償で提供すると
ころまでは要求していません[*4]。

▌**保護具の位置付け**
保護具の使用は危険源やリスクが残留している場合の緊急避難的な最終手段で
す。保護具を使用しなくても働ける環境づくりを優先する必要があります。

[*3]：箇条 8.1.2 の管理策は e）から a）に向かうほど効果が高まります（効果は a）＞ b）＞ c）＞ d）＞ e））。管理
策のこうした体系を一般に〝管理策の階層〟と呼ぶことがあります。個人用防護具（PPE）は〝personal
protective equipment〟の略称です。

[*4]：契約などの書面で明確にしておく必要があるでしょう。

8.1.3　変更の管理

> 　組織は，次の事項を含む，労働安全衛生パフォーマンスに影響を及ぼす，計画的，暫定的及び永続的変更の実施並びに管理のためのプロセスを確立しなければならない。
> a）新しい製品，サービス及びプロセス，又は既存の製品，サービス及びプロセスの変更で次の事項を含む。
> － 職場の場所及び周りの状況
> － 作業の構成
> － 労働条件
> － 設備
> － 労働力
> b）法的要求事項及びその他の要求事項の変更
> c）危険源及び労働安全衛生リスクに関する知識又は情報の変化
> d）知識及び技術の発達
> 　組織は，意図しない変更によって生じた結果をレビューし，必要に応じて，有害な影響を軽減するための処置をとらなければならない。
> 　　注記　変更は，リスク及び機会となり得る。

●**解　説**●

　組織の事業プロセスには変更が付きものです。変更はその種類や程度に関わらず、組織の OH&S 活動に影響を与えることがあります。組織はこうした変更が OH&S パフォーマンスに影響を及ぼさないよう、変更を管理するためのプロセスを確立しなければなりません。

　変更の種類には、計画的な変更、暫定（臨時）的な変更、永続的（パーマネント）な変更が考えられます。

a）新しい製品やサービスが導入されて、職場及び周辺の状況、作業の構成、労働条件、設備、労働力などに変更が生じる場合

b）法的要求事項及びその他の要求事項に変更が生じた場合

c）危険源及び OH&S リスクに関する知識又は情報に変化が生じた場合

d）知識（学識・知見）及び技術（テクノロジー）の発達

　組織は、想定外で意図しない変更から生じた結果をレビューし、必要に応じて、

有害な影響を軽減するための処置を図る必要があります[*5]。

　注記　変更は、リスク及び機会となり得ます。

勝手に変更すると…

不用意な変更は新たなリスクの源泉になります
変更（とくに管理されていない変更）は、新たなリスクを生み出すことがあります。変更の前に変更から被る影響を組織自ら評価してから変更を実施するのが通例です。

8.1.4　調　達
8.1.4.1　一　般

　　組織は，調達する製品及びサービスが労働安全衛生マネジメントシステムに適合することを確実にするため，調達を管理するプロセスを確立し，実施し，かつ，維持しなければならない。

●解　説●
　調達は"製品の購買"、"サービスの購買"、"請負業務"、"外部委託"など多岐にわたります。組織のOH&Sマネジメントシステムの意図した成果にネガティブな影響が及ばないように、財務の側面からだけではなくOH&Sマネジメントシステムの側面からも調達を管理しなければなりません[*6]。

[*5]：意図しない変更は組織内部で発生するものだけではありません。組織外部からもたらされることもあります。たとえば、ベテラン契約社員の退職、調達先の倒産、発注者や顧客による契約内容の変更、スケジュールの変更、組織のM&A、法律の変更、などは外部変更の一例です。
[*6]：ネガティブな影響を与える調達には、健康に害を及ぼす製品、力量が伴わない請負者、整備されていない機材、危険な作業環境など、様々な要因が考えられます。

8.1.4.2　請負者

> 　組織は，次の事項に起因する，危険源を特定するとともに，労働安全衛生リスクを評価し，管理するために調達プロセスを請負者と調整しなければならない。
> a）組織に影響を与える請負者の活動及び業務
> b）請負者の働く人に影響を与える組織の活動及び業務
> c）職場のその他の利害関係者に影響を与える請負者の活動及び業務
> 　組織は，請負者及びその働く人が，組織の労働安全衛生マネジメントシステム要求事項を満たすことを確実にしなければならない。組織の調達プロセスでは，請負者選定に関する労働安全衛生基準を定めて適用しなければならない。
> 　　注記　請負者の選定に関する労働安全衛生基準を契約文書に含めておく
> 　　　　　ことは役立ち得る。

●解　説●

　組織は、OH&Sマネジメントシステムの意図した成果に影響を与える危険源を特定するために、組織の管理下にある請負者の業務内容とプロセスについて理解しておく必要があります。

　そのためには、請負者の諸活動に関わるOH&Sリスクを評価し、管理するための方法について請負者と共同で調整しなければなりません[7]。

a）OH&Sマネジメントシステムに関わる請負者の活動及び業務

b）請負者として働く人に影響を与える組織の活動及び業務

c）職場のその他の利害関係者に影響を与える請負者の活動及び業務

　組織は、請負者及びその働く人が、組織のOH&Sマネジメントシステム要求事項を満足するように管理する必要があります。必要であるなら請負者の選定に必要なOH&S基準を設定します[8]。

　注記　請負者の選定に関するOH&S基準を契約文書に含めておくことは組織

---

[7]：ここでいう調整 "coordinate" とは、仕事などがうまく機能するように、作業手順などを整理することです。組織が特定のプロセスを請負者に任せる理由は、組織よりも請負者の方が当該プロセスについて専門性を有する（独自の技術を有する）ためです。請負者の専門性と業務内容を組織が正しく理解するためには、請負者の業務内容やプロセスなどの特性を理解し、OH&Sマネジメントシステムの実施に資する必要があります。
[8]：請負者の労災発生状況や安全衛生教育の実施状況、安全衛生管理者の在不在などはその一例です。

にとって有益であることが考えられます。

8.1.4.3　外部委託

> 組織は，外部委託した機能及びプロセスが管理されていることを確実にしなければならない。組織は，外部委託の取決めが法的要求事項及びその他の要求事項に整合しており，並びに労働安全衛生マネジメントシステムの意図した成果の達成に適切であることを確実にしなければならない。これらの機能及びプロセスに適用する管理の方式及び程度は，労働安全衛生マネジメントシステムの中で定めなければならない。
>
> 　注記　外部提供者との調整は，外部委託の労働安全衛生パフォーマンスに及ぼす影響に組織が取り組む助けとなり得る。

●**解　説**●

題目の "外部委託" とは，"外部委託した機能及びプロセス" の意味です。外部委託先が組織の OH&S マネジメントシステムを必ずしも実行するとは限りませんが，組織の業務やプロセスを任せる場合は組織の管理下で仕事をするので，組織の OH&S マネジメントシステムの理解を得て，外部委託先にも OH&S マネジメント活動に参加することを要求します。

組織は，外部委託した機能及びプロセスが法的要求事項及びその他の要求事項を満足し，かつ，組織の OH&S マネジメントシステムの "意図した成果" の達成に貢献するように管理しなければなりません[*9]。

外部委託したプロセスなどの管理方法については，組織が OH&S マネジメントシステムの中で明確にする必要があります。

　注記　外部提供者（外部委託先・下請負い契約者）の協力を得ることは，組織の OH&S マネジメントシステムのパフォーマンスにとって良い影響を得られることが考えられます[*10]。

[*9]：外部委託先との基本契約約款や個別契約の中で組織の要求を明確にします。外部委託したプロセスが組織の管理下にある場合は，組織の OH&S マネジメントシステムに従うことを取引要件の一部に設定することも考えられます。

[*10]：ただし，組織が規制要求事項から逃れることを目的に，本来であれば組織自身が管理・実施すべきプロセスを外部委託先に丸投げすることは慎む必要があるでしょう。

8.2 ▶ 緊急事態への準備及び対応

> 　組織は，次の事項を含め，6.1.2.1 で特定した起こり得る緊急事態への準備及び対応のために必要なプロセスを確立し，実施し，維持しなければならない。
> a）応急処置の用意を含めた緊急事態への計画的な対応を確立する。
> b）計画的な対応に関する教育訓練を提供する。
> c）計画的な対応をする能力について，定期的にテスト及び訓練を行う。
> d）テスト後及び特に緊急事態発生後を含めて，パフォーマンスを評価し，必要に応じて計画的な対応を改訂する。
> e）全ての働く人に，自らの義務及び責任に関わる情報を伝達し，提供する。
> f）請負者，来訪者，緊急時対応サービス，政府機関，及び必要に応じて地域社会に対し，関連情報を伝達する。
> g）関係する全ての利害関係者のニーズ及び能力を考慮に入れ，必要に応じて，計画的な対応の策定に当たって，利害関係者の関与を確実にする。
> 　組織は，起こり得る緊急事態に対応するためのプロセス及び計画に関する文書化した情報を維持し，保持しなければならない。

●解　説●

　組織は緊急事態に対処できなければなりません。ここでいう緊急事態には人為的なものばかりではなく、大規模地震などの自然災害から被る影響も含みます[11]。

　緊急事態に対処するため、起こり得る緊急事態の危険源を特定します。箇条 6.1.2「危険源の特定」に従い、当該プロセスを確立し、実施し、かつ、維持しておく必要があります。箇条 8.2「緊急事態への準備及び対応」では組織が特定した危険源に対処するための緊急事態への準備を決定します。

　緊急事態を招く危険源は、自然災害、人的要因、設備の毀損（きそん）、組織外部からもらい受ける事故など多岐にわたります。自然災害の代表例は地震や台風、人的要因であれば作業ミス、設備の毀損や機械の故障、外部からのもらい事故（隣接する工場の爆発や崩壊など）が考えられます。そのため、働く人が存在する環境に

---

[11]：緊急事態には、停電、インフルエンザや新型コロナウイルスなどによるパンデミック、テロ、暴動、交通事故、隣接する工場の災害、などなど多岐にわたります。

よって多種多様なケースが考えられることに注意が必要です[*12]。

a）緊急事態への計画には取りあえず行うべき応急処置を含めます。

b）働く人や緊急事態から影響を被る利害関係者に対して、緊急事態の計画に関する教育訓練を実施します。

c）緊急事態への計画的な対応を実施するために定期的なテスト（試行）及び訓練を実施し、能力の維持と確保に務めます。

d）緊急事態のテスト及び訓練から得られたパフォーマンス評価を基に、必要であればその計画の見直しを実施します。緊急事態に遭遇した場合には、事後、パフォーマンスを評価して計画の内容をレビューし、計画を改定します。

e）すべての働く人に対し、彼らが負うべき"義務及び責任"を周知します。

f）組織のOH&Sマネジメントシステムを適用する範囲内に、請負者だけではなく、打合せで訪れるかもしれない顧客、宅配人、仕出し弁当屋、緊急時に訪れる消防署員や警察官、監督官庁や地域の人たちなどにも緊急事態の準備及び対応に関する情報を伝達します[*13]。

g）関係する全ての利害関係者のニーズ（必要とされる情報）及び能力（提供する情報の理解度や情報を提供する方法など）を考慮に入れ、必要に応じて、計画的な対応の策定に当たって、利害関係者から円滑に協力を得ることを確実にします。

　組織は、"起こり得る緊急事態に対応するためのプロセス"及び"起こりえる緊急事態に対応するための計画"に関し、文書化した情報（文書及び記録）を維持し、保持しなければなりません。

[*12]：海外でエンジニアを務めていたときのこと、本島の土建会社が掘削の際に重機で送電ケーブルを切断したため、執務していた離島の工場で緊急シャットダウンが発生し、火災の危険から働く人たちと共に避難したことを体験しました。幸いけが人はいませんでしたが、遠く離れた本島の送電ケーブルが切断されることなど事前に予知できなかったため、危険源の先取りとは難しいものだと再認識させられたことがあります。

[*13]：たとえば、自社の工場内に消火方法が限定される禁水性の性状を有するリチウムやカリウムなど金属系の第3類危険物を保管している場合は、その情報の開示について検討する必要があるでしょう。

Unit 9 ▶ パフォーマンス評価

9.1 ▶ モニタリング、測定、分析及びパフォーマンス評価

9.1.1 一 般

組織は，モニタリング，測定，分析及びパフォーマンス評価のためのプロセスを確立し，実施し，かつ，維持しなければならない。

組織は，次の事項を決定しなければならない。

a）次の事項を含めた，モニタリング及び測定が必要な対象

　1）法的要求事項及びその他の要求事項の順守の程度

　2）特定した危険源，リスク及び機会に関わる組織の活動及び運用

　3）組織の労働安全衛生目標達成に向けた進捗

　4）運用及びその他の管理の有効性

b）該当する場合には，必ず，有効な結果を確実にするための，モニタリング，測定，分析及びパフォーマンス評価の方法

c）組織が労働安全衛生パフォーマンスを評価するための基準

d）モニタリング及び測定の実施時期

e）モニタリング及び測定の結果の，分析，評価及びコミュニケーションの時期

組織は，労働安全衛生パフォーマンスを評価し，労働安全衛生マネジメントシステムの有効性を判断しなければならない。

組織は，モニタリング及び測定機器が，該当する場合に必ず校正又は検証し，必要に応じて，使用し，維持することを確実にしなければならない。

　　注記　モニタリング及び測定機器の校正又は検証に関する法的要求事項又はその他の要求事項（例えば，国家規格又は国際規格）が存在することがあり得る。

組織は，次の事項のために適切な文書化した情報を保持しなければならない。

－　モニタリング，測定，分析及びパフォーマンス評価の結果の証拠として

－　測定機器の保守，校正又は検証の記録

●解　説●

　組織は、OH&Sマネジメントシステムとそのオペレーションが意図した成果を達成しているかどうかを確認するため、モニタリング（システム、プロセス又は活動の状況を明確にする）、測定（値を確定するプロセス）、分析（関係、パターン及び傾向を明らかにするためにデータを調査するプロセス[*1]）及びパフォーマンス（測定可能な結果）の評価のためのプロセスを確立し、実施し、かつ、維持しなければなりません。

　組織は、次の事項を決定します。

a）次の事項を含む、モニタリング及び測定の対象

　1）法的要求事項及びその他の要求事項の順守の程度

　2）特定した危険源、リスク及び機会に関わる組織の活動及び運用

　3）OH&S目標の達成の程度

　4）運用（箇条8参照）及びその他の管理の有効性

b）可能な場合には、測定機器を使用し、又は統計的手法から得られる情報を基にして、モニタリング、測定、分析及びパフォーマンス評価を実施し、それらの根拠を明確にします。

c）OH&Sパフォーマンスの善し悪しやその程度を評価するために必要となる判断基準を設定します。

d）モニタリング及び測定の時期を決めます。

e）（モニタリング及び測定を実施する時期を決定したら）、その結果の、分析、評価及びコミュニケーションの時期を決定します。コミュニケーションには得られた結果を働く人や利害関係者に周知することを含みます。

　組織は、OH&Sパフォーマンスを評価し、OH&Sマネジメントシステムの有効性を判断しなければなりません。

　組織は、“監視、測定、分析及び評価”の正確性を担保するため、使用するモニタリング及び測定機器の校正又は検証を実施した上で、使用しなければなりません。

　注記　たとえば、使用する測定機器は国の計量標準を考慮します[*2]。

　組織は“モニタリング、測定、分析及びパフォーマンス評価の結果”及び“測定機器の保守、校正又は検証のエビデンス”を文書化した情報（記録）として保

---

*1：分析には定義がないため、箇条A.9.1.1を引用した。
*2：たとえば、測定器が国家計量標準に繋がっていることを保証するためトレーサビリティ（校正の連鎖）を考慮します。

持しなければなりません。

9.1.2　順守評価

　組織は，法的要求事項及びその他の要求事項の順守を評価するためのプロセスを確立し，実施し，維持しなければならない（6.1.3 参照）。

　組織は，次の事項を行わなければならない。

a）順守を評価する頻度及び方法を決定する。

b）順守を評価し，必要な場合には処置をとる（10.2 参照）。

c）法的要求事項及びその他の要求事項の順守状況に関する知識及び理解を維持する。

d）順守評価の結果に関する文書化した情報を保持する。

●解　説●

　"順守評価"（Evaluation of compliance）の対象は，法的要求事項とは限りません。組織が決定した順守すべき事項のすべてがコンプライアンスの対象になります[*3]。

　組織は，法的要求事項及びその他の要求事項の順守を評価するためのプロセスを確立し，実施し，維持しなければなりません。組織はそのために以下の事項を実施する必要があります。

a）順守を評価する頻度及び方法の決定。

b）順守を評価し，必要であれば処置を図る。

c）順守すべき対象と内容を組織が理解し，その状態を保つこと。

d）順守評価の結果は文書化した情報（記録）として保持する。

　なお，"法的要求事項及びその他の要求事項の順守を評価"と述べていますが，箇条 9.1.2 の意図は，組織にとっての法的要求事項とは何かを理解しているだけではなく，そのプロセスが組織に備わっていることも必要だということです[*4]。

[*3]：順守と遵守に関して JIS Q 14001:2004（EMS の旧版）の解説で次のように説明しています。"compliance：順守　JIS Q 14001:1996 に従った訳語としたが，漢字を"遵守"から"順守"に変更した。いずれも"従い守る"という意に用いられるが，常用漢字という主旨から，より一般的な順守を当てた。"そのため JIS 的には順守の方が相応しいと考えられます。

[*4]：この箇条では"順守評価"を監査することまでは要求していません（箇条 A.6.1.3「法的要求事項及びその他の要求事項の決定」を参照）。もし，監査などで順守事項への違反を検出しても ISO 45001 には指摘事項を適用する箇条が見当りません。こうした場合には被監査者が順守プロセスを確立していないか，実施していないか，維持していない可能性をさらに掘り下げることが望ましいでしょう。

9.2 ▶ 内部監査

9.2.1　一　般

> 　組織は，労働安全衛生マネジメントシステムが次の状況にあるか否かに関する情報を提供するために，あらかじめ定めた間隔で，内部監査を実施しなければならない。
> a）次の事項に適合している。
> 　　1）労働安全衛生方針及び労働安全衛生目標を含む，労働安全衛生マネジメントシステムに関して，組織自体が規定した要求事項
> 　　2）この規格の要求事項
> b）有効に実施され，維持されている。

● 解　説 ●

　組織の OH&S マネジメントシステムが、どのような状況にあるのかを組織自身が理解するための情報を入手する内部監査を実施します[5]。

　内部監査は必ずしも組織の要員で実施する必要はなく、たとえば組織の代理人として外部の専門家などに依頼することもできます（箇条 3.32 参照）。

　内部監査で確認すべき事項には、OH&S 方針、OH&S 目標、組織自身が規定した OH&S マネジメントシステムに関わる要求事項、ISO 45001 の要求事項への適合性などがあります。

　また、"有効に実施され、維持されている"ことも監査で確認する必要があります。ここで"有効"とは、有効性（箇条 3.13 参照）の定義である"計画した活動を実行し、計画した結果を達成した程度"を、"維持"とは"OH&S マネジメントシステムの継続的な適切性"と理解します。

　"あらかじめ定めた間隔"とは計画的に実施することです。計画的に実施するためには"監査計画"などの用意が必要になるでしょう。ただし ISO 45001 では組織が内部監査に関する手順を文書化することまでは要求していません[6]。

---

[5]：ISO は監査に関する共通事項をまとめた ISO 19011「マネジメントシステム監査のための指針」を発行しています。

[6]：監査の定義（箇条 3.32 参照）では、監査を"文書化したプロセス"と述べていますので、監査プロセスを文書化し見える化することを考慮してもよいでしょう。

内部監査
内部監査は組織自身による健康診断と考えることもできます。組織の OH&S マ
ネジメントシステムと、その実施状態が健全であるかどうかを確認・評価し、不
具合があれば修整や是正処置を手当てし健康を取り戻します。

9.2.2 内部監査プログラム

組織は，次に示す事項を行わなければならない。

a）頻度，方法，責任，協議並びに計画要求事項及び報告を含む，監査プロ
グラムの計画，確立，実施及び維持。監査プログラムは，関連するプロセ
スの重要性及び前回までの監査の結果を考慮に入れなければならない。

b）各監査について，監査基準及び監査範囲を明確にする。

c）監査プロセスの客観性及び公平性を確保するために，監査員を選定し，
監査を実施する。

d）監査の結果を関連する管理者に報告することを確実にする。関連する監
査結果が，働く人及び働く人の代表（いる場合），並びに他の関係する利
害関係者に報告されることを確実にする。

e）不適合に取り組むための処置をとり，労働安全衛生パフォーマンスを継
続的に向上させる（箇条 10 参照）。

f）監査プログラムの実施及び監査結果の証拠として，文書化した情報を保
持する。

　　注記　監査及び監査員の力量に関する詳しい情報は，JIS Q 19011 を参
　　　　　照。

●解　説●

a ）"監査プログラム" とは "特定の目的に向けた、決められた期間内で実行するように計画された一連の監査に関する取決め"（ISO 19011　箇条 3.4 参照）と定義されています。"特定の目的" とは箇条 9.2.1「一般」に示されています。"決められた期間内" とは半年に一回とか一年に一回という組織が決めた期間内での実施です。

　　組織は "監査プログラム" を計画、確立、実施及び維持するため、前回までの監査結果を考慮しながら監査プロセスを PDCA で回します。

　　監査プログラムの内容は、他社を真似たり組織の全部署で画一化する必要はありません。組織が取り組む OH&S マネジメントシステムの程度、事業プロセスの複雑さやそれが労働安全衛生に与える影響度、労働安全衛生の習熟度などを考慮します（箇条 A.9.2「内部監査」参照）。

b ）"監査基準" とは "客観的証拠と比較する基準として用いる一連の要求事項"（箇条 3.7 参照）です。"一連の要求事項" には "組織の方針、作業手順、作業要領、作業指示、法的要求事項、プロジェクト計画、契約上の義務" などを含むことがあります。

　　"監査範囲" は全社全部門の場合もありますが、特定の事業場や工場など組織のある部分を指すこともあります。したがって、監査範囲を明確にするためには、監査の対象となる部署、機能、プロセスなどを考慮します[*7]。

c ）"監査プロセスの客観性及び公平性" では、監査員（監査責任部署）の独立性も示唆しています。監査員が利害に抵触する部署や機能を監査することで客観性と公平性を損なうことがないように配慮しなければなりません。

　　内部監査の場合には同一組織の人が同一組織の他部署を監査することが多いため、暗黙の内に監査の所見や結論に利害関係者のバイアスが掛かることがあります。そうならないように監査プログラムを作成します[*8]。

d ）内部監査の結果は、関連する管理者、働く人、働く人の代表（いる場合）、並びに他の関係する利害関係者に報告されることを確実にしなければなりません。内部監査の結果は必要に応じて非管理者にも周知しなければなりませ

[*7]：内部監査の実施において、監査範囲に被監査者の許可を得てアクセスしなければならない区域を含む場合には、監査プログラムを作成する際に被監査部門の事前確認を必要とする場合があります。

[*8]：次のような場合には客観性及び公平性の確保が難しくなることがあります。たとえば監査員が自ら所属する部署を監査する、被監査部署の責任者が監査員の上司に相当する、監査員が被監査部署への異動を予定している、組織の上位職制者によるパワハラを黙認する風習がある、監査員が作成した内部監査報告書の発行前に被監査部署の検閲を必要とする。

ん[*9]。

e）監査の結果は、被監査者に向けた"改善のための提言"であり、貴重な改善
の機会を提供してくれます。内部監査プロセスを PDCA に置き換えると、
OH&S パフォーマンスを継続的に改善し、意図した成果を達成するための処
置を図る行為は"Act"に相当します。被監査者は不適合を含む要改善事項に
取り組み、OH&S パフォーマンス改善の機会を有効活用します。

f）組織の内部監査プログラムに従い実施され、内部監査の結果を示す文書化し
た情報（記録）を保持する必要があります。

9.3 ▶ マネジメントレビュー

> トップマネジメントは，組織の労働安全衛生マネジメントシステムが，引
> き続き，適切，妥当かつ有効であることを確実にするために，あらかじめ定
> めた間隔で，労働安全衛生マネジメントシステムをレビューしなければなら
> ない。
>
> マネジメントレビューは，次の事項を考慮しなければならない。
> a）前回までのマネジメントレビューの結果とった処置の状況
> b）次の事項を含む，労働安全衛生マネジメントシステムに関連する外部及
> び内部の課題の変化
> 　1）利害関係者のニーズ及び期待
> 　2）法的要求事項及びその他の要求事項
> 　3）リスク及び機会
> c）労働安全衛生方針及び労働安全衛生目標が達成された度合い
> d）次に示す傾向を含めた，労働安全衛生パフォーマンスに関する情報
> 　1）インシデント，不適合，是正処置及び継続的改善
> 　2）モニタリング及び測定の結果
> 　3）法的要求事項及びその他の要求事項の順守評価の結果
> 　4）監査結果
> 　5）働く人の協議及び参加
> 　6）リスク及び機会

[*9]：監査で検出した良好事項を有益な情報として全社全部門に水平展開している組織も見掛けます。

e）有効な労働安全衛生マネジメントシステムを維持するための資源の妥当
　性
f）利害関係者との関連するコミュニケーション
g）継続的改善の機会
　マネジメントレビューからのアウトプットには，次の事項に関係する決定
を含めなければならない。
－　意図した成果を達成するための労働安全衛生マネジメントシステムの継
　続的な適切性，妥当性及び有効性
－　継続的改善の機会
－　労働安全衛生マネジメントシステムのあらゆる変更の必要性
－　必要な資源
－　もしあれば，必要な処置
－　労働安全衛生マネジメントシステムとその他の事業プロセスとの統合を
　改善する機会
－　組織の戦略的方向に対する示唆
　トップマネジメントは，マネジメントレビューの関連するアウトプット
を，働く人及び働く人の代表（いる場合）に伝達しなければならない（7.4
参照）。
　組織は，マネジメントレビューの結果の証拠として，文書化した情報を保
持しなければならない。

●解　説●
　トップマネジメントは、OH&Sマネジメントシステムがどのように機能し、
どのように効果的で、かつ目的に適しているかどうかを評価するため、定期的に
OH&Sマネジメントシステムを見直す必要があります。なぜならOH&Sマネジ
メントシステムに短所があれば、トップマネジメント自ら改善を指示しなければ
ならないためです。
　マネジメントレビューのキーワードは"適切性"（suitability）、"妥当性"
（adequacy）、"有効性"（effectiveness）の三つです（箇条A.9.3「マネジメント
レビュー」参照）。
a）前回までのマネジメントレビューで実施した処置に関して現在はどのような
　状況かをマネジメントレビューで追跡調査します。もし、経営陣が過去のマネ

ジメントレビューで指示・指導を提言していれば、適切に対処されているかどうかの確認も実施します。

b）OH&S マネジメントシステムに関する外部及び内部の課題が変化しているかどうかを確認します。たとえば利害関係者のニーズ及び期待、法的要求事項及びその他の要求事項、リスク及び機会などはその一例です。

c）トップマネジメントにとって "OH&S 方針" と "OH&S 目標" の達成度は看過（かんか）できない重要事項です。マネジメントレビューは、トップマネジメントにより設定された方針及び目標の状態を、トップマネジメント自らが確認できる機会を提供してくれます。

d）以下に示す事項について、傾向を含めた OH&S パフォーマンスに関して確認しなければなりません。

1）インシデント、不適合、是正処置及び継続的改善

2）モニタリング及び測定の結果

3）法的要求事項及びその他の要求事項の順守評価の結果

4）監査結果[*10]

5）働く人の協議及び参加

6）リスク及び機会

e）組織は資源を確保することで OH&S マネジメントシステムの確立、実施、維持及び継続的改善の確保が可能になります。そのために必要な資源（箇条7.1 参照）の内容と配付状況を評価します[*11]。

f）組織にとって利害関係者の範囲は広大です。組織と相互に影響を及ぼし合う多種多様な利害関係者を特定し、積極的にコミュニケーションを図ることで彼らから支援や協力を獲得することは、OH&S マネジメントシステムの遂行上の課題です。

　　また、利害関係者は必ずしも組織にとって中立的な立場であるとは限りません。支援者であれば今後とも積極的な援助を継続してもらい、対抗的な立場であるならよりコミュニケーションを深めて理解を求める必要があります。トッ

＊10：監査とは内部監査だけに限定されません。たとえば、顧客による第二者監査、サプライヤに対する第二者監査、認証機関による第三者監査なども考慮します。主に現業部門に対する安全衛生パトロールや監督官庁などの立ち入り調査なども監査の一部として考えます。

＊11：資源は財務だけではなく、OH&S マネジメントシステムに掛ける時間、力量を有する働く人、安全衛生協力会社、付加価値の高い独自のプロセス、ISO 9001 などその他のマネジメントシステム、OH&S マネジメントシステムに有益な固有の技術、情報システム、社内サービス、ソフトウェア、施設及び設備なども資源に含まれることがあります。トップマネジメントは OH&S マネジメントシステムのために必要な資源の有用性について理解し、確保しなければなりません。

プマネジメントは利害関係者とのコミュニケーションに関心を示し、適切な指示を下さなければなりません。

g）継続的改善の対象は、OH&S マネジメントシステムの適切性、妥当性及び有効性です。トップマネジメントは改善の機会を注視し、組織の継続的改善について見直しの要否を判断できる程度に理解しておく必要があります。

マネジメントレビューからのアウトプットにはいくつかの決定事項を含める必要があります。ISO 45001 では少なくとも "OH&S マネジメントシステムの継続的な適切性、妥当性及び有効性"、"継続的改善の機会"、"OH&S マネジメントシステムの変更の必要性"、"必要な資源"、"必要な処置"、"事業プロセスとの統合を改善する機会"、"組織の戦略的方向に対する示唆" などの決定事項が含まれている必要があります。

そして、トップマネジメントは、マネジメントレビューに関わる上記に示したようなアウトプットを、働く人及び働く人の代表（いる場合）に伝達しなければなりません。

また、組織はマネジメントレビューの結果の証拠として、文書化した情報（記録）を保持する必要があります。

マネジメントレビュー
マネジメントレビューを邦訳すると "経営者による組織のマネジメントシステムの見直し" という意味になります。したがってマネジメントレビューとは、自社の OH&S マネジメントシステムの形を経営者が自ら整えるための貴重な機会とも言えます。

ISO 45001 にはトップマネジメントが果たす役割がいくつも登場します。とくに箇条 5.1「リーダーシップ及びコミットメント」では、トップマネジメントが実証するリーダーシップとコミットメントが a ）から m）まで 13 項目が羅列されています。

ところが、組織で OH&S マネジメントシステムに携わる人の中に、13 項目の中で「①トップマネジメントが自ら実施すべき事項」と、「②部下に任せてよい事項」の見分けがつかないと考える人がいるようです。

筆者はこうした場合、一旦原文に立ち返ることにしています。

上記①はトップマネジメントが人任せにしないで自ら実行しなければならない事項です。一方の②はトップマネジメントが（自ら実施しても構いませんが…）その関与を実証できれば部下に任せることができる事項です。

②の原文はすべて "ensuring that ～"（～を確実にする）で書き出してあるため、①との区別が容易です。ただし、h ）だけは "ensuring and promoting ～" とあるため、早とちりをして部下に任せないようにします。

以上から、"ensuring that ～" と書き出してある b ）、c ）、d ）、f ）、l ）の 5 項目はトップマネジメントが自ら実施する "必要のない項目" であることが理解できます。

OH&S マネジメントシステムにおけるマネジメントレビューは、トップマネジメントが重要な役割を果たします。マネジメントレビューを形骸化させないように "引き続き、適切、妥当かつ有効" にすることはトップマネジメントの仕事になります（箇条 5.1 h）参照）。

Unit 10 ▶ 改 善

10.1 ▶ 一 般

> 　組織は，改善の機会（箇条9参照）を決定し，労働安全衛生マネジメントシステムの意図した成果を達成するために，必要な取組みを実施しなければならない。

● 解　説 ●

　組織が取り得る改善には様々な種類があります。強みを活かし，弱みを減ずることも改善です。組織が完璧だと思えるOH&Sマネジメントシステムであっても，内部外部の状況や，利害関係者のニーズは常に変化しますし，法的要求事項などの順守事項も頻繁に改定されます。

　とくに生産活動の中核である"現場"は変化に晒されています。組織はこうした状況を勘案し，OH&SマネジメントシステムとOH&S活動には改善の機会があることを前提にして改善活動に務めます。

10.2 ▶ インシデント、不適合及び是正処置

> 　組織は，報告，調査及び処置を含めた，インシデント及び不適合を決定し，管理するためのプロセスを確立し，実施し，かつ，維持しなければならない。
> 　インシデント又は不適合が発生した場合，組織は，次の事項を行わなければならない。
> a）そのインシデント又は不適合に遅滞なく対処し，該当する場合には，必ず，次の事項を行う。
> 　1）そのインシデント又は不適合を管理し，修正するための処置をとる。
> 　2）そのインシデント又は不適合によって起こった結果に対処する。
> b）そのインシデント又は不適合が再発又は他のところで発生しないようにするため，働く人（5.4参照）を参加させ，他の関係する利害関係者を関与させて，次の事項によって，そのインシデント又は不適合の根本原因を

除去するための是正処置をとる必要性を評価する。

　1）そのインシデントを調査し又は不適合をレビューする。

　2）そのインシデント又は不適合の原因を究明する。

　3）類似のインシデントが起きたか，不適合の有無，又は発生する可能性があるかを明確にする。

c）必要に応じて，労働安全衛生リスク及びその他のリスクの既存の評価をレビューする（6.1 参照）。

d）管理策の優先順位（8.1.2 参照）及び変更の管理（8.1.3 参照）に従い，是正処置を含めた，必要な処置を決定し，実施する。

e）処置を実施する前に，新しい又は変化した危険源に関連する労働安全衛生リスクの評価を行う。

f）是正処置を含めて，全ての処置の有効性をレビューする。

g）必要な場合には，労働安全衛生マネジメントシステムの変更を行う。

　是正処置は，検出されたインシデント又は不適合のもつ影響又は起こり得る影響に応じたものでなければならない。

　組織は，次に示す事項の証拠として，文書化した情報を保持しなければならない。

－　インシデント又は不適合の性質，及びとった処置

－　とった処置の有効性を含めた全ての対策及び是正処置の結果

　組織は，この文書化した情報を，関係する働く人及び働く人の代表（いる場合）並びにその他の関係する利害関係者に伝達しなければならない。

　　　注記　インシデントの遅滞のない報告及び調査は，できるだけ速やかな危険源の除去及び付随する労働安全衛生リスクの最小化を可能にすることができる。

● 解　説 ●

　この箇条では、とくにインシデントと不適合の正しい定義が理解を助けてくれます。"不適合"（箇条 3.34 参照）とは附属書 SL で定義された用語をそのまま用いており、"要求事項を満たしていないこと"です。要求事項とは、ISO 45001 の要求事項に加えて組織が定めた追加的な OH&S マネジメントシステムの要求事項を指します。そのため、重篤的な労働災害は不適合とは呼びません。

一方の "インシデント"（箇条 3.35 参照）は、"結果として負傷及び疾病を生じた又は生じ得た、労働に起因する又は労働の過程での出来事" ですから労働災害はインシデントであることが明確です。

　なお、用語の定義でも述べたように、インシデントにはアクシデント（事故）だけではなく、ニアミスやヒヤリ・ハットなども含むため、是正処置の対象になることを組織として理解する必要があります。

a）もし、インシデントや不適合が明確になった場合には、以下の処置・対処を実施します。

　1）そのインシデント又は不適合を組織の管理下に置いて、修整するための処置をとります。"修整"（correction）とは、根本原因を除去して再発防止を図る "是正処置" と異なり、インシデントや不適合そのものを取り除く行為です[*1]。

　2）そのインシデント又は不適合によって起こった結果に対処します。インシデント及び不適合そのものを取り除くのではなく、結果（大概は望ましくない事象）に対処します。

b）インシデントや不適合の再発防止を図るために、是正処置の要否を評価します。その際は、働く人を参加させ、他の関係する利害関係者を関与させます。

　1）そのインシデントを調査し又は不適合をレビューします。

　2）そのインシデント又は不適合の原因を究明します[*2]。

　3）そのインシデント又は不適合が過去に顕在化していなかったかどうかの確認、そして類似のインシデントや不適合が発生する可能性がないかどうかを明らかにします。もしも過去に類似のインシデントや不適合が発生したとすれば、過去に施した是正処置の有効性にも目を向ける必要があります。今後、類似のインシデントや不適合を起こさないためには組織全体で是正処置を展開する必要があるでしょう。

c）組織は、OH&S マネジメントシステムの計画を策定するとき、箇条 4.1（組織及びその状況の理解）、箇条 4.2（働く人及びその他の利害関係者のニーズ

---

*1：ISO 45001 及び附属書 SL では "修整" を定義していません。ISO 9000:2005（「品質マネジメントシステム－基本及び用語」の旧版）の箇条 3.12.3 を参考にすることができます。ISO 9000:2005 では、手直し、再格付けなどを修整の一例として紹介しています。

*2：根本原因の分析には、インシデントや不適合の内容に見合う方法を必要とします。"なぜなぜ分析" や "4M 分析" などはその方法の一例ですが、必要であれば専門家を交えて "検証委員会" や "調査部会" などを運用する必要があるかもしれません。可能な場合には組織に "インシデントの調査" 及び "不適合のレビュー" に関する規定類を整備しておきたいものです。

及び期待の理解）及び箇条4.3（4.3　労働安全衛生マネジメントシステムの適用範囲の決定）を考慮し、OH&Sリスク及びその他のリスクについて決定しています。

　　しかし、インシデントや不適合が発生したということは組織のこうした活動が不十分であった可能性があるため、その決定事項は再評価のためにレビューします。

d）インシデントや不適合が発生したということは、組織の管理策とその優先順位が不十分であった可能性があります（箇条8.1.2参照）。

　　また、変更が組織の管理下になかった場合にもインシデントや不適合が起こりやすくなります（箇条8.1.3参照）。該当する場合、危険源の除去及びOH&Sリスクの低減が不十分で、組織の管理策や変更管理に問題が含まれている場合があります。

e）インシデントや不適合に対する修整や是正などの処置は、いきなり実施するのではなく、事前にリスク評価を実施する必要があります。新たな施策は、もしかすると新たなリスクを生み出す可能性があるためです。

f）組織による全ての処置、たとえば是正処置、修整、予防処置（未然防止策）などの有効性をレビューします。有効性とは"計画した活動を実行し、計画した結果を達成した程度"（箇条3.13参照）です。したがって、有効性のキーワードは"計画"であり、処置の程度に見合わない（内容の乏しい）計画では有効性の評価が後々難しくなる場合があります。

g）組織のOH&Sマネジメントシステムは予防処置そのものです。したがって、インシデントや不適合が発生してしまった場合には予防処置の根幹とも言えるOH&Sマネジメントシステムの見直しが必要になる場合があります[*3]。

　　組織は、インシデント又は不適合の内容と施した処置、そして処置に対する対策及び是正処置の結果と有効性を文書化した情報（記録）として保持しなければなりません。

　　この文書化した情報は、働く人及び働く人の代表（いる場合）並びにその他の関係する利害関係者に伝達する必要があります。

　　注記にもありますが、インシデントが発生した場合には、危険源を除去して類似不適合の発生を防ぐためにできるだけ速やかに報告し調査します。是正処置と

---

*3：OH&Sマネジメントシステムの見直しには、方針や目標の見直しを含む場合があります。

その水平展開が遅くなればなるほど OH&S リスクが高まるためです[*4]。

10.3 ▶ 継続的改善

> 組織は，次の事項によって，労働安全衛生マネジメントシステムの適切性，妥当性及び有効性を継続的に改善しなければならない。
> a）労働安全衛生パフォーマンスを向上させる。
> b）労働安全衛生マネジメントシステムを支援する文化を推進する。
> c）労働安全衛生マネジメントシステムの継続的改善のための処置の実施に働く人の参加を推進する。
> d）継続的改善の関連する結果を，働く人及び働く人の代表（いる場合）に伝達する。
> e）継続的改善の証拠として，文書化した情報を維持し，保持する。

●**解　説**●

　組織は、継続的改善を実施するために必要となる改善プロセスを明確にしておく必要があります[*5]。

　以下のa）からe）により、OH&S マネジメントシステムの適切性、妥当性及び有効性を継続的に改善します。

a）OH&S パフォーマンスの向上。

b）OH&S マネジメントシステムを積極的に支援する組織文化の推進。

c）働く人の参加による改善の機会の推進。

d）働く人に改善活動の結果を伝達する。

e）継続的改善の証拠になる文書化した情報（文書・記録）を維持し、保持する。

[*4]：インシデントの内容によってはセイフティータイムアウト（OH&S リスクの再標価を目的にした生産活動の一時停止）を発動し、速やかに危険源を除去する必要があります。
[*5]：改善のためのプロセスには、改善提案活動、ヒヤリハット活動、安全衛生パトロール、インセンティブ活動（安全衛生表彰など）、安全衛生教育などを含むことができます。

Part 2

JIS Q 45100:2018 を 読み解く

0 ▶ 序　文

　　労働安全衛生をめぐる法規制及び安全衛生水準は，国によって格差が存在する中で，*ISO 45001：2018* は，各国の状況に応じて柔軟に対応できるように作られている。

　　このため，*ISO 45001：2018* の一致規格である *JIS Q 45001：2018* の要求事項には，厚生労働省の“労働安全衛生マネジメントシステムに関する指針”で求められている，安全衛生活動などが明示的には含まれていない。

　　この規格は，日本の国内法令との整合性を図るとともに，多くの日本企業がこれまで取り組んできた具体的な安全衛生活動，日本における安全衛生管理体制などを盛り込み，*JIS Q 45001：2018* と一体で運用することによって，働く人の労働災害防止及び健康確保のために実効ある労働安全衛生マネジメントシステムを構築することを目的としている。

　　JIS Q 45001：2018 の附属書 A には，この規格の要求事項の解釈のために参考となる説明が記載されている。

　　この規格では，次のような表現形式を用いている。

　a）“〜しなければならない”は，要求事項を示し，

　b）“〜することができる”，“〜できる”，“〜し得る”などは，可能性又は実現能力を示す。

　　この規格は，*JIS Q 45001：2018* の要求事項をそのまま取り入れ，日本企業における具体的な安全衛生活動，安全衛生管理体制などの要求事項及び注記について追加して規定する。これら追加事項は，斜体かつ太字で表記する。

●解　説●

　JIS Q 45100 の“解説”を読むことで、序文の理解を深めることができます。とくに、JIS Q 45001 と合わせ、JIS Q 45100 を適用する組織が二つの規格で認証を取得することの意議について序文は述べています。

1 ▶ 適用範囲

　　この規格は，労働安全衛生水準の更なる向上を目指すことを目的として，組織が行う安全衛生活動などについて，*JIS Q 45001：2018* の要求事項に加

えて，より具体的で詳細な追加要求事項について規定する。

●解　説●

　JIS Q 45100 の適用範囲は JIS Q 45001 と変わりませんが、独自の要求事項が追記されています。

　新たに追加された要求事項の骨子は、厚生労働省の"労働安全衛生マネジメントシステムに関する指針"で確認することができます。

2 ▶ 引用規格

　次に掲げる規格は，この規格に引用されることによって，この規格の規定の一部を構成する。この引用規格は，記載の年の版を適用し，その後の改正版（追補を含む）は適用しない。

　JIS Q 45001:2018　労働安全衛生マネジメントシステム－要求事項及び利用の手引

　　注記　対応国際規格：ISO 45001:2018, Occupational health and safety management systems － Requirements with guidance for use

●解　説●

　JIS Q 45001 の要求事項は JIS Q 45100 の一部になるため、JIS Q 45100 は、JIS Q 45001 と合わせて読む必要があります。

3 ▶ 用語及び定義

　この規格で用いる主な用語及び定義は，JIS Q 45001:2018 による。

●解　説●

　JIS Q 45100 で使用する"用語及び定義"は JIS Q 45001 と同じで、追加変更はありません。

4 ▶ 組織の状況

> *JIS Q 45001：2018 の箇条 4 を適用する。*

●解　説●

　JIS Q 45001 の箇条 4「組織の状況」（4.1「組織及びその状況の理解」、4.2「働く人及びその他の利害関係者のニーズ及び期待の理解」、4.3「労働安全衛生マネジメントシステムの適用範囲の決定」、4.4「労働安全衛生マネジメントシステム」）をそのまま適用します。

5 ▶ リーダーシップ及び働く人の参加

5.1　リーダーシップ及びコミットメント
> *JIS Q 45001：2018 の 5.1 を適用する。*

●解　説●

　JIS Q 45001 の箇条 5「リーダーシップ及び働く人の参加」の 5.1「リーダーシップ及びコミットメント」をそのまま適用します。

5.2　労働安全衛生方針
> *JIS Q 45001：2018 の 5.2 を適用する。*

●解　説●

JIS Q 45001 の箇条 5.2「労働安全衛生方針」をそのまま適用します。

5.3　組織の役割，責任及び権限
【JIS Q 45001 の箇条 5.3 に加えて，以下の規定が追加されている。】

　トップマネジメントは，労働安全衛生マネジメントシステムの中の関連する役割に対する責任及び権限の割り当てにおいては，システム各級管理者を

指名することを確実にしなければならない。

　注記2　システム各級管理者とは，事業場においてその事業を統括管理
　　　　　する者，及び生産・製造部門などの事業部門，安全衛生部門など
　　　　　における部長，課長，係長，職長，作業指揮者などの管理者又は
　　　　　監督者であって，労働安全衛生マネジメントシステムを担当する
　　　　　者をいう。

●解　説●

　この箇条では，"システム各級管理者"と呼ばれる OH&S マネジメントシステムに関わる役割を担う人について述べており，その詳細は厚生労働省の"労働安全衛生マネジメントシステムに関する指針について"の第7条で示されています。

　システム各級管理者を安全管理者（労働安全衛生法第11条）や安全衛生推進者等（同法第12条の2）と見間違えないようにします。

　以下に同指針の抜粋を示します。

労働安全衛生マネジメントシステムに関する指針について（抜粋）
（平成11・4・30 労働省告示第53号　改正令和元年・7・7 厚生労働省告示第54号）

第7条　事業者は，労働安全衛生マネジメントシステムに従って行う措置を適切
　に実施する体制を整備するため，次の事項を行うものとする。
一　システム各級管理者（事業場においてその事業の実施を統括管理する者及び生
　産・製造部門，安全衛生部門等における部長，課長，係長，職長等の管理者（法
　人が同一である二以上の事業上を一の単位として労働安全衛生マネジメントシス
　テムに従って行う措置を実施する場合には，当該単位におけてその事業の実施を
　統括管理する者を含む。）及び製造，建設，運送，サービス等に事業実施部門，
　安全衛生部門等における部長，課長，係長，職長等の管理者又は監督者であって，
　労働安全衛生マネジメントシステムを担当するものをいう。以下同じ。）の役割，
　責任及び権限を定めるとともに，労働者及び関係請負人その他の関係者に周知さ
　せること。
二　システム各級管理者を指名すること。
三　労働安全衛生マネジメントシステムに係る人材及び予算を確保するよう努める
　こと。
四　労働者に対して労働安全衛生マネジメントシステムに関する教育を行うこと。

五　労働安全衛生マネジメントシステムに従って行う措置の実施に当たり、安全衛生委員会等を活用すること。

5.4　働く人の参加の協議及び参加

【JIS Q 45001 の箇条 5.4 に加えて，以下の規定が追加されている。】

　組織は，働く人及び働く人の代表（いる場合）との協議及び参加について，次の場を活用しなければならない。

f）安全委員会，衛生委員会又は安全衛生委員会が設置されている場合は，これらの委員会

g）f）以外の場合には，安全衛生の会議，職場懇談会など働く人の意見を聴くための場

　組織は，協議及び参加を行うプロセスに関する手順を定め，その手順によって協議及び参加を行わなければならない。

●解　説●

　"安全委員会" は、政令で定める業種及び規模の事業場ごとに設けなければなりません（法第 17 条）。

　同様に "衛生委員会" についても政令で定める規模の事業場ごとに設ける必要があります（法第 18 条）。

　また、安全委員会及び衛生委員会を設けなければならないときは "安全衛生委員会" を設置することができます（法第 19 条）。

　組織は、働く人及び働く人の代表（いる場合）との協議及び参加について、安全衛生委員会等（安全衛生委員会、安全委員会、衛生委員会）の場を活用しなければならないとしています。

　また、安全衛生委員会等の以外の場としては、安全衛生の会議、職場懇談会など働く人の意見を聴くための場を活用できます。

　組織は、協議及び参加を実施するために必要な "プロセスに関する手順" を定めなければなりません。

　この場合には、箇条 7.5.1.1「手順及び文書化」、箇条 5.4 に従い策定する手順に以下の事項を含む必要があります。

a）実施時期

b）実施者又は担当者

c）実施内容

d）実施方法

　策定した手順は文書化した情報（文書）として維持しなければなりません。

6 ▶ 計 画

6.1　リスク及び機会への取組み

6.1.1　一般

【JIS Q 45001 の箇条 5.4 に加えて，以下の規定が追加されている。】

　組織は，次に示す全ての項目について取り組む必要のある事項を決定するとともに実行するための取組みを計画しなければならない（*JIS Q 45001：2018 の 6.1.4* 参照）。

a）法的要求事項及びその他の要求事項を考慮に入れて決定した取組み事項

b）労働安全衛生リスクの評価を考慮に入れて決定した取組み事項

c）安全衛生活動の取組み事項（法的要求事項以外の事項を含めること）

d）健康確保の取組み事項（法的要求事項以外の事項を含めること）

e）安全衛生教育及び健康教育の取組み事項

f）元方事業者にあっては，関係請負人に対する措置に関する取組み事項

　組織は，附属書 A を参考として，取り組む必要のある事項を決定するとともに実行するための取組を計画することができる。

　なお，附属書 A に記載されている事項意外であってもよい。

　組織は，取組み事項を決定し取組みを計画するときには，組織が所属する業界団体などが作成する労働安全衛生マネジメントシステムに関するガイドラインなどを参考とすることできる。

　　注記1　元方事業者とは，一つの場所において行う事業の仕事の一部を請負者に請け負わせているもので，その他の仕事は自らが行う事業者をいう。

　　注記2　関係請負人とは，元方事業者の当該事業の仕事が数次の請負契約によって行われるときに，当該請負者の請負契約の後次の全て

の請負契約の当事者である請負者をいう。

● 解　説 ●

　組織は、JIS Q 45001 の箇条 6.1.4「取組みの計画策定」を参照し、取組みを計画する必要があります。箇条 6.1.4 は以下のように規定されています。

■ 箇条 6.1.4　取組みの計画策定

　組織は、次の事項を計画しなければならない。

a）次の事項を実行するための取組み

　　1）決定したリスク及び機会に対処する（6.2.2 及び 6.2.3 参照）。

　　2）法的要求事項及びその他の要求事項に対処する（6.1.3 参照）。

　　3）緊急事態への準備をし、対応する（8.2 参照）。

b）次の事項を行う方法

　　1）その取組みの労働安全衛生マネジメントシステムのプロセス、又はその他の事業プロセスへの統合及び実施

　　2）その取組みの有効性の評価

　組織が取り組む必要のある事項を決定する場合には、JIS Q 45100 の附属書 A「（参考）取組み事項の決定及び労働安全衛生目標を達成するための計画策定などに当たって参考とできる事項」を参考にすることができます[*1]。

6.1.1.1　労働安全衛生リスクへの取組み体制

　組織は，危険源の特定（JIS Q 45001:2018 の 6.1.2.1 参照），労働安全衛生リスクの評価（6.1.2.2 参照）及び決定した労働安全衛生リスクへの取組みの計画策定（JIS Q 45001:2018 の 6.1.4 参照）をするときには，次の事項を確実にしなければならない。

a）事業場ごとに事業の実施を統括管理する者にこれらの実施を統括管理させる。

b）組織の安全管理者，衛生管理者など（選任されている場合）に危険源の特定及び労働安全衛生リスクの評価の実施を管理させる。

　組織は，危険源の特定及び労働安全衛生リスクの評価の実施に際しては，

[*1]：附属書 A のすべてが法的要求事項ではないため、参考にする場合は項目の選択が必要です。また、業種・業態によっては附属書 A の内容では過不足が生じることにも配慮が必要です。

次の事項を考慮しなければならない。

- 作業内容を詳しく把握している者（職長，班長，組長，係長などの作業中の働く人を直接的に指導又は監督する者）に検討を行わせるように努めること。

- 機械設備及び電気設備に係る危険源の特定並びに労働安全衛生リスクの評価に当たっては，設備に十分な専門的な知識をもつ者を参画させるように努めること。

- 化学物質などに係る危険源の特定及び労働安全衛生リスクの評価に当たっては，必要に応じて，化学物質などに係る機械設備，化学設備，生産技術，健康影響などについての十分な専門的な知識をもつ者を参画させること。

- 必要に応じて，外部コンサルタントなどの助力を得ること。

　　注記1　"化学物質など"の"など"には，化合物，混合物が含まれる。

　　注記2　"事業の実施を統括管理する者"には，総括安全衛生管理者及び統括安全衛生責任者が含まれ，統括安全衛生管理者の選任義務のない事業場においては，事業場を実質的に管理する者が含まれる。

　　注記3　"安全管理者，衛生管理者など"の"など"には，安全衛生推進者及び衛生推進者が含まれる。

　　注記4　"外部コンサルタントなど"には，労働安全コンサルタント及び労働衛生コンサルタントが含まれるが，それ以外であってもよい。

● 解　説 ●

　箇条 6.1.1.1「労働安全衛生リスクへの取組み体制」は、引用規格の JIS Q 45001 には存在しません。組織が、危険源の特定、労働安全衛生リスクの評価、決定した労働安全衛生リスクへの取組みの計画策定を行う場合には、次の事項を確実にしなければなりません。

a）事業場の事業を統括管理する者に、上記の事項（特定・評価・計画策定）を統括管理させます。

b）安全管理者、衛生管理者が選任されている場合には、危険源の特定及び労働安全衛生リスクの評価の実施を管理させます。安全管理者や衛生管理者は原則

として事業場に専属の者（その事業場のみに勤務する者）から選任するため、当該事業に関し知見を有していることが期待されます。したがって、ここでいう"管理"とは判子を押すだけの形式的な業務ではないことが理解できます。

危険源の特定及び労働安全衛生リスクを評価する場合には、次の事項を考慮します。

- 作業内容に詳しい人が検討を行うように努めること。
- 特定及び評価の対象によっては、専門知識をもつ者を参画させるように努めること。
- 化学物質においては、必要に応じて十分な専門的な知識をもつ者を参画させること。
- 必要に応じて、外部コンサルタントなどの助力を得ること[*2]。

注記1　"化学物質など"の"など"には、化合物、混合物が含まれます。

注記2　"事業の実施を統括管理する者"には、統括安全衛生管理者[*3]及び統括安全衛生責任者[*4]が含まれ、統括安全衛生管理者の選任義務のない事業場においては、事業場を実質的に管理する者[*5]が含まれます。

注記3　"安全管理者、衛生管理者など"の"など"には、安全衛生推進者及び衛生推進者が含まれます[*6]。

注記4　"外部コンサルタントなど"には、労働安全コンサルタント及び労働衛生コンサルタントが含まれるが、それ以外であってもかまいません。

6.1.2　危険源の特定並びにリスク及び機会の評価

6.1.2.1　危険源の特定

JIS Q 45001：2018 の 6.1.2.1 を適用する。

[*2]：労働安全コンサルタントは、事業場の安全についての診断及びこれに基づく指導を行い、労働衛生コンサルタントは事業場の衛生についての診断及びこれに基づく指導を行います（法第81条）。ちなみに、労働安全・衛生コンサルタントは厚生労働大臣が実施する試験に合格し、かつ、所要の事項の登録を受けた者が該当します（法第84条）。注記4では、コンサルタントを実施する者は前出に限らないと述べています。

[*3]：総括安全衛生管理者は、政令で定める規模の事業場ごとに、選任される者です。一般に、当該事業場の最上位の職制として位置し、当該事業場の安全衛生を統括管理する者です（法第10条）。

[*4]：統括安全衛生管理者は、重層下請構造が顕著な建設業及び造船業において選任される者です（法第30条第1項）。

[*5]：事業場を実質的に管理する者で、一般に工場長、事業所長、現場責任者などが該当します。

[*6]：安全管理者及び衛生管理者の選任が義務づけられていない中小規模事業場においては、安全衛生推進者又は衛生推進者を選任し、安全・衛生業務を担当しなければなりません（法第12条の2）。

● 解　説 ●

JIS Q 45001 の箇条 6.1.2.1「危険源の特定」をそのまま適用します。

6.1.2.2　労働安全衛生リスク及び労働安全衛生マネジメントシステムに対するその他のリスクの評価

【JIS Q 45001 の箇条 6.1.2.2 に加えて，以下の規定が追加されている。】

　労働安全衛生リスクの評価の方法及び基準は，負傷又は疾病の重篤度及びそれらが発生する可能性の度合いを考慮に入れたものでなければならない。

　組織は，当該評価において，附属書 A を参考にすることができる。

　組織は，労働安全衛生リスクを評価するためのプロセスに関する手順を策定し，この手順によって実施しなければならない。

● 解　説 ●

　労働安全衛生リスクの評価の方法について述べています。"労働安全衛生リスク"は JIS Q 45001 の箇条 3.21 で "労働に関係する危険な事象又はばく露の起こりやすさと、その事象又はばく露によって生じ得る負傷及び疾病の重大性との組合せ" と定義されています。したがって、危険な事象の発生確率と当該事象が発生した場合に被る影響度を考慮することになります[*7]。

　組織は、労働安全衛生リスクの評価にあたっては、附属書 A を参考にすることができます。

　組織は、協議及び参加を実施するために必要な "プロセスに関する手順" を定めなければなりません。

　この場合には、箇条 7.5.1.1「手順及び文書化」、箇条 6.1.2.2 に従い策定する手順に以下の事項を含む必要があります。

a）実施時期

b）実施者又は担当者

c）実施内容

d）実施方法

---

*7：ただし、「労働安全衛生リスク＝発生確率×危害の度合い」と決めつける必要はありません。あくまでも考慮すべき事項です。

策定した手順は文書化した情報（文書）として維持しなければなりません。

6.1.2.3　労働安全衛生機会及び労働安全衛生マネジメントシステムに対するその他の機会の評価

【JIS Q 45001 の箇条 6.1.2.3 に加えて，以下の規定が追加されている。】

組織は，当該評価において，附属書 A を参考にすることができる。

●解　説●

　組織は、労働安全衛生機会と労働安全衛生マネジメントシステムに対するその他の機会を評価する際に、附属書 A を参考にすることができます。

　労働安全衛生機会は、JIS Q 45001 の箇条 3.22 で "労働安全衛生パフォーマンスの向上につながり得る状況又は一連の状況" と定義されています。たとえば、"ヒヤリ・ハット活動"、"5S 活動" 及び "表彰制度を含むインセンティブ活動" などはその一例と考えられます。

6.1.3　法的要求事項及びその他の要求事項の決定

【JIS Q 45001 の箇条 6.1.3 に加えて，以下の規定が追加されている。】

組織は，当該評価において，附属書 A を参考にすることができる。

●解　説●

　組織は、法的要求事項及びその他の要求事項を決定する際には、附属書 A を参考にすることができます[8]。

　法的要求事項及びその他の要求事項は、JIS Q 45001 の箇条 3.9 で "組織が順守しなければならない法的要求事項、及び組織が順守しなければならない又は順守することを選んだその他の要求事項" と定義されています。

　したがって、法令に関わる規制要求事項だけではなく、組織が順守すると決め

---

*8：附属書 A には "法令要求関連事項" の項があります。

た要求事項も含まれます。その他の要求事項には JIS Q 45001 及び JIS Q 45100 も含まれることを忘れないでください。

6.1.4　取組みの計画策定

JIS Q 45001：2018 の 6.1.4 を適用する。

●解　説●

JIS Q 45001 の箇条 6.1.4「取組みの計画策定」をそのまま適用します。

6.2　労働安全衛生目標及びそれを達成するための計画策定

6.2.1　労働安全衛生目標

JIS Q 45001：2018 の 6.1.4 を適用する。

●解　説●

JIS Q 45001 の箇条 6.2.1「労働安全衛生目標」をそのまま適用します。

6.2.1.1　労働安全衛生目標の考慮事項など

組織は，労働安全衛生目標（JIS Q 45001：2018 の 6.2.1 参照）を確立しようとするときには，次の事項を考慮しなければならない。

－　過去における労働安全衛生目標（JIS Q 45001：2018 の 6.2.1 参照）の達成状況

組織は，労働安全衛生目標の確立に当たって，一定期間に達成すべき到達点を明らかにしなければならない。

●解　説●

箇条 6.2.1.1「労働安全衛生目標の考慮事項」は引用規格の JIS Q 45001 には存在しません。

"OH&S 目標" は、JIS Q 45001 の箇条 3.17 で "労働安全衛生方針に整合する特定の結果を達成するために組織が定める目標" と定義されています。

その OH&S 目標を確立する際には"過去における当該目標の達成状況"と"達成すべき到達点"を明確にしなければなりません[*9]。

目標の達成状況とは、前回設定した目標の達成度を評価した結果と考えることができます。設定した目標と実績に差異があれば、そして差異がマイナスになり達成目標に到達していなければ、組織はその原因を明らかにして、次回に設ける当該目標にフィードバックしなければなりません（差異がプラスであってもフィードバックは好ましいことです）。

労働安全衛生目標は、可能であれば測定できるものであるか、又はパフォーマンス評価（測定可能な結果の評価のこと）を実施できなければなりません。したがって、労働安全衛生方針で示す理念は漠然としたものではなく、具体的な内容であることが望まれます[*10]。

6.2.2　労働安全衛生目標を達成するための計画策定
【JIS Q 45001 の箇条 6.2.2 に加えて，以下の規定が追加されている。】

　組織は，労働安全衛生目標をどのように達成するかについて計画するとき，a）〜f）に加え，次の事項を決定しなければならない。
g）計画の期間
h）計画の見直しに関する事項
　組織は，労働安全衛生目標をどのように達成するかについて計画するとき，利用可能な場合，過去における次の事項を考慮しなければならない。
i）労働安全衛生目標の達成状況及び労働安全衛生目標を達成するための計画の実施状況
j）モニタリング，測定，分析及びパフォーマンス評価の結果（9.1.1 参照）
k）インシデントの調査及び不適合のレビューの結果並びにインシデント及び不適合に対してとった処置（10.2 参照）

[*9]：労働安全衛生規則（昭和 47 年労働省令第 32 号）第 24 条の 2 の規定に基づき、定めた労働安全衛生マネジメントシステムに関する指針（平成 11 年労働省告示第 53 号）の第 11 条に、"事業者は、安全衛生方針に基づき、次に掲げる事項を踏まえ、安全衛生目標を設定し、当該目標において一定期間に達成すべき到達点を明らかとするとともに、当該目標を労働者及び関係請負人その他の関係者に周知するものとする（以下省略）"とあります。
[*10]：具体的な目標を設定していないと、後日の評価に困ることがあります。達成度が評価できない目標では次回の目標設定に支障となるためです。

l）内部監査の結果（JIS Q 45001：2018 の 9.2.1 及び 9.2.2 参照）

● 解　説 ●

　組織は、OH&S 目標をどのように達成するかについて計画するとき、a）〜f）（注記：JIS Q 45001　箇条 6.2.2　a）〜f）の内容）に加え、次の事項を決定しなければなりません。

g）開始時期と終了時期を明確にします。

h）計画は不変ではないため、必要に応じて計画内容を見直します。そのために計画の変更方法を定めます。

　OH&S 目標の達成方法について計画する場合には、（利用可能な場合）過去における次の事項を考慮しなければなりません。

i）"目標の達成状況"及び"計画の実施状況"を把握するためには、組織でモニタリングしていないと困難です。したがって、組織は達成状況と実施状況を正しく理解できる方法を決めなければなりません（一般に、目標管理と呼ばれる予実管理を採用することもできます）。

j）モニタリング、測定、分析及びパフォーマンス評価の結果を得るためには、評価するためのプロセスが必要です。評価のプロセスを確立し、実施することで、目標の達成度等が理解でき、評価が可能です（箇条 9.1.1「（モニタリング、測定、分析及びパフォーマンス評価）一般」参照）。

k）"インシデントの調査"及び"不適合のレビューの結果"並びに"インシデント及び不適合に対してとった処置"を今後の目標に反映させます。とくに是正処置（再発防止）は重要です（箇条 10.2 参照）。

l）内部監査の結果は、組織にとって良いことも悪いことも明らかにしてくれます。こうした情報から得られた教訓を今後の目標に反映させます（JIS Q 45001：2018 の 9.2.1「（箇条 9.2「内部監査」一般）」及び 9.2.2「内部監査プログラム」参照）。

6.2.2.1　実施事項に含むべき事項

　組織は労働安全衛生目標を達成するための計画に，6.1.1 で決定し，計画した取組みの中から，次の全ての事項について実施事項に含めなければならない。

●解　説●

　箇条 6.2.2.1「実施事項に含むべき事項」は、引用規格の JIS Q 45001 には存在しません。

　箇条 6.2.2.1 は箇条 6「計画」の集大成と言えるでしょう。組織は OH&S 目標を達成するための計画に、6.1.1「（箇条 6.1「リスク及び機会への取組み」）一般」で決定し、計画した取組みの中から、次のすべての事項について実施事項に含めなければなりません。すべての事項に "実施時期" を含めなければならないことに注意が必要です。

a）法的要求事項及びその他の要求事項を考慮に入れて決定した取組み事項及び実施時期

b）OH&S リスクの評価を考慮に入れて決定した取組み事項及び実施時期

c）安全衛生活動の取組み事項（法的要求事項以外の事項を含めること）及び実施時期

d）健康確保の取組み事項（法的要求事項以外の事項を含めること）及び実施時期

e）安全衛生教育及び健康教育の取組み事項及び実施時期

f）元方事業者にあっては、関係請負人に対する措置に関する取組み事項及び実施時期

7 ▶ 支　援

7.1　資　源

JIS Q 45001:2018 の 7.1 を適用する。

●解　説●

JIS Q 45001 の箇条 7.1「資源」をそのまま適用します。

7.2　力　量

【JIS Q 45001 の箇条 7.2 に加えて，以下の規定が追加されている。】

組織は，安全衛生活動及び健康確保の取組みを実施し，維持し，継続的に改善するため，次の事項を行わなければならない。

e）適切な教育，訓練又は経験によって，働く人が，安全衛生活動及び健康確保の取組みを適切に実施するための力量を備えていることを確実にする。

f）適切な教育，訓練又は経験によって，システム各級管理者が，安全衛生活動及び健康確保の取組みの有効性を適切に評価し，管理するための力量を備えていることを確実にする。

●解　説●

組織は、安全衛生活動及び健康確保の取組みを実施し、維持し、継続的に改善するため、次の事項を行わなければなりません。

e）安全衛生活動と健康確保に関する力量の要求です。働く人に対する適切な教育、訓練の実施と、働く人の経験により力量の確保を確実にします。

f）システム各級管理者が、適切な教育、訓練又は経験によって、"安全衛生活動"及び"健康確保の取組み"の有効性を適切に評価し、管理するための力量を備えていることを確実にします（箇条 5.3 参照）。

> **7.3　認　識**
>
> *JIS Q 45001:2018 の 7.3 を適用する。*

●解　説●

JIS Q 45001 の箇条 7.3「認識」をそのまま適用します。

> **7.4　コミュニケーション**
>
> *JIS Q 45001:2018 の 7.4 を適用する。*

●解　説●

JIS Q 45001 の箇条 7.4「コミュニケーション」をそのまま適用します。

> **7.5　文書化した情報**
>
> **7.5.1　一般**
>
> *JIS Q 45001:2018 の 7.5.1 を適用する。*

●解　説●

JIS Q 45001 の箇条 7.5.1「(7.5「文書化した情報」) 一般」をそのまま適用します。

> **7.5.1.1　手順及び文書化**
>
> *組織は，5.4，6.1.2.2，7.5.3，8.1.1，8.1.2，9.1.1，9.2.2 及び 10.2 によっ て策定する手順に，少なくとも次の事項を含まなければならない。*
>
> *a) 実施時期*
>
> *b) 実施者又は担当者*
>
> *c) 実施内容*
>
> *d) 実施方法*
>
> *組織は，5.4，6.1.2.2，7.5.3，8.1.1，8.1.2，9.1.1，9.2.2 及び 10.2 によっ*

て策定する手順を，文書化した情報として維持しなければならない。

●解　説●

　箇条 7.5.1.1「手順及び文書化」は、引用規格の JIS Q 45001 には存在しません。

　組織が作成する“手順”と“文書化した情報（手順書）”に関する要求事項です。3W1H の明確化を要求しています。

a）実施時期（いつ実施するか）

b）実施者又は担当者（誰が実施するか、誰が担当するか）

c）実施内容（何を実施するか）

d）実施方法（どのように実施するか）

　上記の内容a）〜d）を含む手順と手順書の作成に関わる箇条は以下のとおりです。

　　箇条 5.4「働く人の協議及び参加」

　　箇条 6.1.2.2「労働安全衛生リスク及び労働安全衛生マネジメントシステムに
　　　　対するその他のリスクの評価」

　　箇条 7.5.3「文書化した情報の管理」

　　箇条 8.1.1「（8.1「運用の計画及び管理」）一般」

　　箇条 8.1.2「危険源の除去及び労働安全衛生リスクの低減」

　　箇条 9.1.1「（9.1「モニタリング、測定、分析及びパフォーマンス評価」）一般」

　　箇条 9.2.2「内部監査プログラム」

　　箇条 10.2「インシデント、不適合及び是正処置」

7.5.2　作成及び更新

　JIS Q 45001:2018 の 7.5.2 を適用する。

●解　説●

　JIS Q 45001 の箇条 7.5.2「作成及び更新」をそのまま適用します。

7.5.3 文書化した情報の管理

【JIS Q 45001 の箇条 7.5.3 に加えて，以下の規定が追加されている。】

組織は，文書化した情報の管理（文書を保管，改訂，廃棄などをすること をいう。）に関する手順を定め，これによって文書化した情報の管理を行わ なければならない。

● 解　説 ●

　組織は、文書化した情報の管理（文書を保管、改訂、廃棄などをすることをい う。）を実施するために必要な"手順"を定めなければなりません。

　この手順には、箇条 7.5.1.1「手順及び文書化」に従い、以下の事項を含む必 要があります。

a）実施時期

b）実施者又は担当者

c）実施内容

d）実施方法

　策定した手順は文書化した情報（文書）として維持しなければなりません[*11]。

8 ▶ 運　用

8.1　運用の計画及び管理

8.1.1　一般

【JIS Q 45001 の箇条 8.1.1 に加えて，以下の規定が追加されている。】

組織は，箇条 6 で決定した取組みを実施するために必要なプロセスに関 する手順を定め，この手順によって実施しなければならない。

組織は，箇条 6 で決定した取組みを実施するために必要な事項について， 働く人及び関係する利害関係者に周知させる手順を定め，この手順によって

---

*11：厚生労働省の "労働安全衛生マネジメントシステムに関する指針　第 8 条" には次のように文書化の規定があ ります。"2 事業者は、前項の文書を管理する手順を定めるとともに、この手順に基づき、当該文書を管理する ものとする"。

周知させなければならない。

●**解　説**●
　組織は、箇条8「運用」で決定した取組みを実施するために必要な"プロセスに関する手順"を定め、この手順によって実施しなければなりません。
　また、箇条6「計画」で決定した取組みを実施するために必要な事項について、働く人及び関係する利害関係者に周知させる手順を定め、この手順によって周知させなければなりません。
　この手順には、箇条7.5.1.1「手順及び文書化」に従い、以下の事項を含む必要があります。
a）実施時期
b）実施者又は担当者
c）実施内容
d）実施方法
　策定した手順は文書化した情報（文書）として維持しなければなりません[*12]。

8.1.2　危険源の除去及び労働安全衛生リスクの低減
【JIS Q 45001 の箇条 8.1.1 に加えて，以下の規定が追加されている。】

　組織は，危険源の除去及び労働安全衛生リスクを低減するためのプロセスに関する手順を定め，この手順によって実施しなければならない。
　組織は，危険源の除去及び労働安全衛生リスクの低減のための措置を6.1.1.1 の体制で実施しなければならない。

●**解　説**●
　組織は、箇条8.1.2「危険源の除去及び労働安全衛生リスクの低減」に定める"危険源の除去"及び"労働安全衛生リスク"を低減するために必要な"プロセスに関する手順"を定め、この手順によって実施しなければなりません。
　この手順には、箇条7.5.1.1「手順及び文書化」に従い、以下の事項を含む必

[*12]：厚生労働省の"労働安全衛生マネジメントシステムに関する指針について　第13条"に安全衛生計画の実施に関わる要求事項があります。

要があります。

a）実施時期

b）実施者又は担当者

c）実施内容

d）実施方法

策定した手順は文書化した情報（文書）として維持しなければなりません。

また、危険源の除去及び労働安全衛生リスクの低減のための処置を箇条 6.1.1.1「労働安全衛生リスクへの取組み体制」で示した体制で実施しなければなりません。

8.1.3　変更の管理

JIS Q 45001:2018 の 8.1.3 を適用する。

●解　説●

JIS Q 45001 の箇条 8.1.3「変更の管理」をそのまま適用します。

8.1.4　調達

JIS Q 45001:2018 の 8.1.4 を適用する。

●解　説●

JIS Q 45001 の箇条 8.1.4「調達」をそのまま適用します。

8.2　緊急事態への準備及び対応

JIS Q 45001:2018 の 8.2 を適用する。

●解　説●

JIS Q 45001 の箇条 8.2「緊急事態への準備及び対応」をそのまま適用します。

9 ▶ パフォーマンス評価

9.1 モニタリング，測定，分析及びパフォーマンス評価
9.1.1 一般
【JIS Q 45001 の箇条 9.1.1 に加えて，以下の規定が追加されている。】

組織は，モニタリング，測定，分析及びパフォーマンス評価のためのプロセスに関する手順を定め，この手順によって実施しなければならない。

● 解　説 ●
　組織は、箇条 9.1.1『(9.1「モニタリング、測定、分析及びパフォーマンス評価」)一般』のために必要な"プロセスに関する手順"を定め、この手順によって実施しなければなりません。

　この手順には、箇条 7.5.1.1「手順及び文書化」に従い、以下の事項を含む必要があります。
a) 実施時期
b) 実施者又は担当者
c) 実施内容
d) 実施方法
　策定した手順は文書化した情報（文書）として維持しなければなりません。

9.1.2 順守評価
JIS Q 45001:2018 の 9.1.2 を適用する。

● 解　説 ●
JIS Q 45001 の箇条 9.1.2「順守評価」をそのまま適用します。

9.2 内部監査
9.2.1 一般
JIS Q 45001:2018 の 9.2.1 を適用する。

●解　説●

JIS Q 45001 の箇条 9.2「内部監査」をそのまま適用します。

9.2.2　内部監査プログラム

【JIS Q 45001 の箇条 9.1.1 に加えて，以下の規定が追加されている。】

　組織は，監査プログラムに関する手順を定め，この手順によって実施しなければならない。

●解　説●

　組織は、箇条 9.2.2「内部監査プログラム」を実施するために必要な"監査プログラムに関する手順"を定め、この手順によって実施しなければなりません[*13]。

　この手順には、箇条 7.5.1.1「手順及び文書化」に従い、以下の事項を含む必要があります。

a）実施時期

b）実施者又は担当者

c）実施内容

d）実施方法

　策定した手順は文書化した情報（文書）として維持しなければなりません。

9.3　マネジメントレビュー

JIS Q 45001：2018 の 9.3 を適用する。

●解　説●

JIS Q 45001 の箇条 9.3「マネジメントレビュー」をそのまま適用します。

＊13：内部監査プログラムに関する情報は、JIS Q 45001：2018 の箇条 3.32「監査」からも得られます。

10 ▶ 改　善

10.1　一　般
JIS Q 45001:2018 の 10.1 を適用する。

●解　説●
JIS Q 45001 の箇条 10.1「(10「改善」) 一般」をそのまま適用します。

10.2　インシデント，不適合及び是正処置
【JIS Q 45001 の箇条 10.2 に加えて，以下の規定が追加されている。】

　組織は，インシデント，不適合及び是正処置を決定し，管理するためのプロセスに関する手順を定め，この手順によって実施しなければならない。

●解　説●
　組織は、箇条 10.2「インシデント、不適合及び是正処置」に従い、インシデント、不適合及び是正処置を決定し、管理するために必要な“プロセスに関する手順”を定め、この手順によって実施しなければなりません。
　この手順には、箇条 7.5.1.1「手順及び文書化」に従い、以下の事項を含む必要があります。
a) 実施時期
b) 実施者又は担当者
c) 実施内容
d) 実施方法
　策定した手順は文書化した情報（文書）として維持しなければなりません

10.3　継続的改善
JIS Q 45001:2018 の 10.3 を適用する。

●解　説●

JIS Q 45001 の箇条 10.3「継続的改善」をそのまま適用します。

附属書 A

（参考）

取組み事項の決定及び労働安全衛生目標を達成するための

計画策定などに当たって参考とできる事項

●解　説●

附属書 A は、箇条 6.1.1、6.1.2.2、6.1.2.3 及び 6.1.3 に適用します。附属書に関する情報は、JIS Q 45100 巻末の解説で確認することができます。

Column ▷ **JIS Q 45100 の附属書 A の使いこなしについて**

JIS Q 45100 には "附属書 A" が含まれます。この附属書 A について、JIS の解説では『実施内容を全て組織に委ねてしまうと組織によるばらつきが大きくなるおそれもあることから、考えられる標準的な事項をリスト化し、附属書 A として、これを参考として組織が取組み事項を決定し、労働安全衛生目標を達成するための計画を作成することにした。』と述べています。

つまり、OH&S 活動の具体的内容は組織に任せる一方で、標準化の恩恵であるばらつきを極力排除し、規格を使用する組織間で齟齬を来さないようにすることが附属書 A の意図だと考えられます。

そうした視点で附属書 A の使いこなしを考えてみると、箇条 6.1.1「一般」、6.1.2.2「労働安全衛生リスク及び労働安全衛生マネジメントシステムに対するその他のリスクの評価」、6.1.2.3「労働安全衛生機会及び労働安全衛生マネジメントシステムに対するその他の機会の評価」および 6.1.3「法的要求事項及びその他の要求事項の決定」の計画時に附属書 A を利用するだけではなく、例えば内部監査やサプライチェーンに対する審査などで "チェックリスト" としての可能性が見えてきます（もしかすると認証機関も審査時の確認項目として附属書 A を利用するかもしれませんね…）。

ただし、附属書 A の適用範囲は "箇条 6.1.1，6.1.2.2，6.1.2.3 及び 6.1.3" であり、なおかつ附属書は要求事項ではないため、審査する側はこの前提をわきまえておく必要はあるでしょう。この附属書 A を便利に使いこなしたいものです。

【引用・参考文献】

◇JIS Q 9000:2015「品質マネジメントシステム－基本及び用語」／ISO 9000:2015
◇JIS Q 9001:2015「品質マネジメントシステム－要求事項」／ISO 9001:2015
◇JIS Q 14001:2015「環境マネジメントシステム－要求事項及び利用の手引」／ISO 14001:
　2015
◇JIS Q 19011:2018「マネジメントシステム監査のための指針」／ISO 19011:2018
◇JIS Z 26000:2012「社会的責任に関する手引」／ISO 26000:2010
◇JIS Q 31000:2019「リスクマネジメント－指針」／ISO 31000:2018
◇JIS Q 0073:2010「リスクマネジメント－用語」／ISO Guide 73:2009
◇JIS Q 31010:2012「リスクマネジメント－リスクアセスメント技法」／IEC/ISO 31010:2009
◇OHSAS 18001:2007「労働安全衛生マネジメントシステム－要求事項 第2版」

◇労働安全衛生法／労働安全衛生法施行令／労働安全衛生規則
◇労働安全衛生マネジメントシステムに関する指針（改正：令和元年7月1日　基発0701第
　3号）
◇労働安全衛生マネジメントシステムに関するILOガイドライン第2版　国際労働事務局
◇ILO国際労働基準（労働安全衛生に関する基準を含む）

■中央労働災害防止協会（監修）／平林良人（編著）:「ISO 45001:2018（JIS Q 45001:2018）
　労働安全衛生マネジメントシステム要求事項の解説」、日本規格協会、2018年
■榎本　徹（著）:「CSR活用ガイド」、オーム社、2005年
■榎本　徹（著）:「意思決定のためのリスクマネジメント」、オーム社、2011年
■榎本　徹（著）:「ISO 21500から読み解くプロジェクトマネジメント」、オーム社、2018年

索　引

あとがきにかえて

　本書をご覧いただき有難うございます。

　以下、あとがきにかえてマネジメントシステム規格を読み解く方法の一例をご紹介したいと思います。

　筆者がマネジメントシステム教育を始めてから 20 年以上が経過します。教育の対象者は、認証機関及び ISO 審査員、公益法人、中小企業診断士やプロジェクトマネージャなどに加えて、一般の企業で通常の業務に従事するマネジメントシステムとは縁遠いビジネスパーソンなども受講者の多くを占めてきました。

　ISO マネジメントシステム規格は、一見すると無味乾燥な存在と考えられがちです。おそらくその原因の一つは、読んでもその内容がスンナリと頭に入り難いためだと思います。筆者も初めて ISO 9001：1987（9001 の第 1 版）と遭遇したときには意味不明で辟易としたものです。

　果たして ISO マネジメントシステムを容易に理解し、規格作成者の意図を把握する方法はあるのでしょうか？

　筆者は、ISO 規格の理解を深めるためには【語彙の正しい理解】と【文脈を通じて内容を理解すること】の二点が重要だと考えています。ISO マネジメントシステム教育を始めてから 20 年を経た現在でも、このコンセプトに変わりはありません*。

　本書は、労働災害の撲滅に日々邁進されているビジネスパーソン各位を始め、

＊：小学 3 年生の孫娘が愛読している明治大学文学部教授の齋藤孝氏による著書「本当の『頭のよさ』ってなんだろう？」（誠文堂新光社、2019 年）でも国語の能力は「語彙力」と「文脈力」と述べています。どうやら文書の理解力には共通性があるようです。

労働安全衛生マネジメントに携わる様々な分野の人が ISO 45001 と JIS Q 45100 の規格内容の意味をわかるようにアシストすることを目的に企画した逐次解説書です。前言のとおり、限られた頁数の中で語彙を解説し、規格の逐次解説では文脈が読み取れるように補足説明を挿入しました。

　なお、本書は逐次解説書のため、具体的な実施要領と詳細な手順にまでは言及していません。もし機会があれば、営利組織の立場から OH&S マネジメントシステム認証の取得と維持に関するより具体的な情報を発信したいと考えています。

　労働災害は、被災した当事者はもちろんのこと、その関係者にとっても不幸な出来事です。OH&S マネジメントとそのシステムを理解することは、労働災害の未然防止に役立つのは当然として、働く人にとって"より良い仕事"の環境が整備されるために生産性が改善され、組織の社会的な評価と企業価値を高めてくれることに繋がると考えます。

　一方で、組織の経営戦略は国連で採択された SDGs（持続可能な開発目標）から多くの影響を受けるようになりましたが、OH&S マネジメントシステムは働き方改革を超えて、働き方にイノベーションをももたらしてくれることが期待できます。言い換えるならば、OH&S マネジメントシステムは、SDGs のゴールをより近付けてくれるのです。トップマネジメントには、OH&S マネジメントシステムを単なるビジネスパスポートとしてではなく、より広い視野で OH&S マネジメントシステムの意義を捉えていただきたいと切に願います。

　本書が労働災害の撲滅の一助になるとともに、OH&S マネジメントに携わる先達諸氏のために微力ながらもお役に立てることを願いながら、再び何処でお目に掛かれることを祈念し、あとがきにかえたいと思います。

横浜市にて

〈著者略歴〉

榎 本　徹（えのもと　てつ）

ISO マネジメントシステム・インストラクター&エデュケーター。
上場企業で長年にわたりプロジェクトマネジメントと ISO マネジメントシステムに携わる。
専門は、労働安全衛生（OH&S）マネジメント、プロジェクトマネジメント、リスクマネジメント、品質マネジメント、環境マネジメント、社会的責任（CSR・CSV）。
20 年以上にわたり 5000 人を超えるビジネスパーソンにマネジメントシステム教育を、また、1000 回を超える監査・審査を実施。こうした経験と実績を背景にビジネス誌に寄稿し、著書を執筆する。

複数の ISO マネジメントシステム審査員として審査員登録機関に登録
環境省に環境カウンセラーとして登録
日本溶接協会　溶接監理技術者 WES8103／ISO14731 資格認証　特別級

・プロジェクトマネジメント学会　会員
・日本プロジェクトマネジメント協会　会員
・環境経営学会　会員

主な著書に「ISO 21500 から読み解くプロジェクトマネジメント」、「意思決定のためのリスクマネジメント」、「CSR 活用ガイド」（いずれもオーム社刊）など。

本文イラスト◆中西　隆浩

ISO 45001：2018
労働安全衛生マネジメントシステム規格を読み解く本

2020 年 3 月 15 日　　第 1 版第 1 刷発行

著　　者　榎本　徹
発 行 者　村上和夫
発 行 所　株式会社 オーム社
　　　　　郵便番号　101-8460
　　　　　東京都千代田区神田錦町 3-1
　　　　　電話　03(3233)0641(代表)
　　　　　URL　https://www.ohmsha.co.jp/

© 榎本　徹 2020

組版　タイプアンドたいぽ　　印刷・製本　壮光舎印刷
ISBN978-4-274-22326-6　Printed in Japan

本書の感想募集 https://www.ohmsha.co.jp/kansou/
本書をお読みになった感想を上記サイトまでお寄せください。
お寄せいただいた方には、抽選でプレゼントを差し上げます。

PMBOK
第6版
対応版

プロジェクト
マネジメント標準
PMBOK入門

広兼 修 [著]

定価（本体2000円【税別】）
A5判／208ページ

プロジェクト
マネジメント標準手法
「**PMBOK**」の
わかりやすい
解説書！

最新の
PMBOK
第6版
に対応！

本書はプロジェクトマネジメントを理解するために必要な知識である、プロジェクトマネジメント標準手法「PMBOK」について、要点をしぼって解説した書籍です。どういったものがプロジェクトなのか、プロジェクトとは何かを説明した上で、PMBOKの知識体系がどのように現場で生かされているのかを、具体的な場面に置き換えて紹介しています。巻末には、事例にそったPMBOK活用法を確認するための小テストも付いていますので、すぐに実務に活用できます。

もっと詳しい情報をお届けできます．
◎書店に商品がない場合または直接ご注文の場合も
右記宛にご連絡ください．

ホームページ https://www.ohmsha.co.jp/
TEL／FAX TEL.03-3233-0643 FAX.03-3233-3440

（定価は変更される場合があります）

F-1811-250